SELF-LEADERSHIP 7

高效能人士的七个习惯

指导日常行为的评估系统与实践手册

[美] 史蒂芬·柯维（Stephen R. Covey） 著

中国青年出版社

图书在版编目（CIP）数据

高效能人士的七个习惯·指导日常行为的评估系统与实践手册 / (美) 史蒂芬·柯维著；黄婧译. -- 北京：中国青年出版社, 2025. 9. -- ISBN 978-7-5153-7822-0

Ⅰ. B842.6-49

中国国家版本馆CIP数据核字第20255VS024号

高效能人士的七个习惯·指导日常行为的评估系统与实践手册

作　　者：[美] 史蒂芬·柯维
译　　者：黄　婧
责任编辑：肖妩嫔
文字编辑：侯雯洁
美术编辑：杜雨萃
出　　版：中国青年出版社
发　　行：北京中青文文化传媒有限公司
电　　话：010-65511272 / 65516873
公司网址：www.cyb.com.cn
购书网址：zqwts.tmall.com
印　　刷：大厂回族自治县益利印刷有限公司
版　　次：2025年9月第1版
印　　次：2025年9月第1次印刷
开　　本：880mm × 1230mm　1/32
字　　数：50千字
印　　张：5.25
京权图字：01-2024-5403
书　　号：ISBN 978-7-5153-7822-0
定　　价：49.90元

我不是外界决定的产物，我是自我认知的结果。

——史蒂芬·柯维

目 录 

前 言

欢迎同行：
一切准备就绪，开启高效的自我领导之旅

在这个充满压力、挑战和快节奏的现代社会里，高效的自我领导力对于个人过上自律且充满意义的生活至关重要。然而，该如何做到这一点呢？如何才能避免让他人、无穷无尽的日程安排或外部环境主导你的生活？怎样才能主动掌握人生方向，聆听内心的声音，实现自己的梦想呢？这本书以享誉全球的“高效能人士的7个习惯”为基础。7个习惯已经帮助全球数百万人收获了个人幸福和职业成功。而现在，它也将帮助你过上真正属于自己的生活。

在本书中，我们将详细探讨每一个习惯，并始终聚焦于以下核心问题：

>> 如何实际运用这一习惯，提升自我效能，并从高效的自我领导中受益？

如果你还不熟悉“高效能人士的7个习惯”，接下来的内容可以帮助你快速了解7个习惯的核心理念。

7个习惯概览

1.积极主动

主动领导自己的人生。认识到自己是选择的主人，不再扮演受害者的角色。采取行动，作出有意识的选择，主动影响自己的生活轨迹。

2.以终为始

重新设计你的人生。明确自己的价值观和目标，制定个人使命宣言，探寻生命的更深层意义，确定你真正想要的人生方向。

3.要事第一

把精力投入到真正能推动你前进的关键任务上。明确优先事项，而不是被紧急但不重要的任务牵绊。高效利用时间，专注于最重要的目标。

4.双赢思维

培养一种富足心态，专注合作而非竞争。追求互利共赢的解决方案，致力于建立长期且可信赖的关系。

5.知彼解己

将沟通提升到全新的高度。学习共情和信任的倾听艺术。尝试先理解别人，再争取别人理解自己。

6.统合综效

成为团队协作的推动者。接纳他人的不同，欣赏彼此的差异。利用他人的长处来弥补自身的不足，利用协同效应创造比个人努力更大的成就。

7.不断更新

为自己和自我成长腾出时间。善待自己的身体、头脑、情感和精神。关爱自己，才能保持持续的幸福、健康与高效能。

当你认真思考这7个习惯时，会发现它们的排序并非偶然，而是经过精心设计的：习惯1到习惯3聚焦于个人的成长，帮助你实现**个人领**

域的成功。习惯4到习惯6关注与外部的关系，指向**公共领域的成功**。个人领域的成功是公共领域成功的基础。这一过程由内而外展开，无法颠倒顺序，正如不可能在播种之前就收获果实一样。习惯7呢？习惯7超越了其他所有习惯。它关注的是自我更新和自我修复——通过定

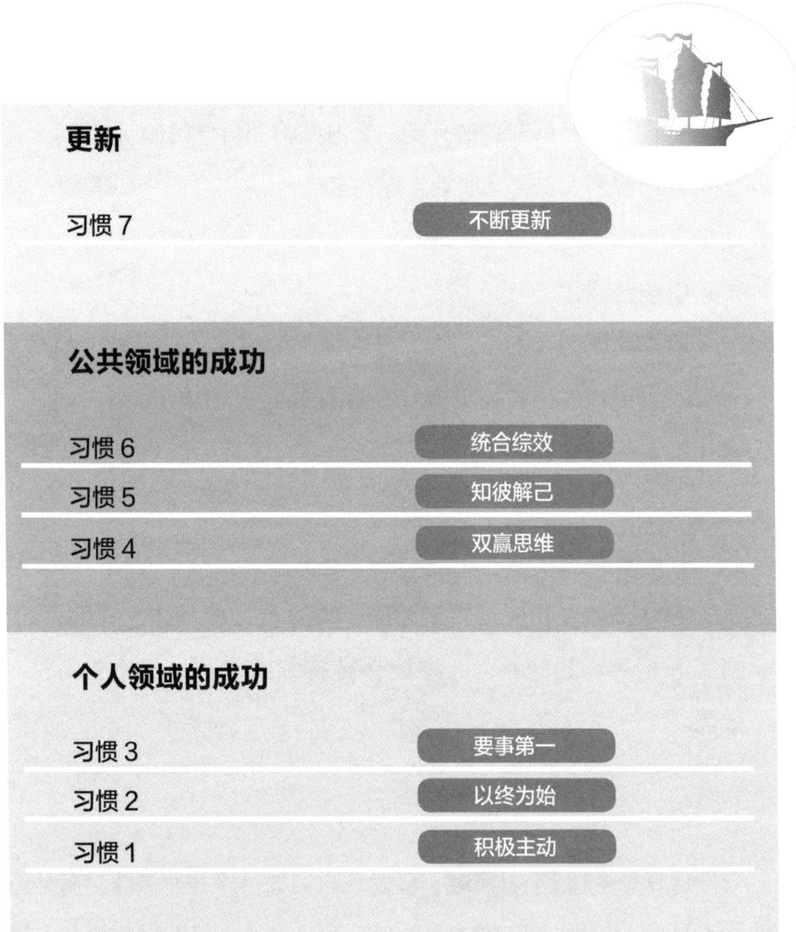

期的休整和反思，汲取新的灵感，为自己重新充电。这种更新为践行其他6个习惯提供了必要的动力和支持，帮助你不断向前迈进。

乘风而行，拥抱改变

7个习惯的组合就像一艘船的风帆，辅助你利用变化的风向，行驶在正确的航线上，并抵达理想的彼岸。为什么7个习惯如此有效？因为它们体现了那些永恒且普遍适用的原则。这些原则就像自然法则一样可靠且不可动摇。事实上，7个习惯背后的许多原则早已深深植根于我们的内心——它们源于我们的良知和常识。下面列出了一些这样的原则，请标注出那些对你而言特别重要的原则。

诚实 爱 勤奋 尊重

感恩 谦逊

公正 正直 忠诚

责任感 耐心

同情心 学习力 可靠

慷慨 专注 宽容

自由

……

当然，还有更多的原则。或许你发现，对你来说至关重要的原则没有出现在上面。请将这些原则补充进去，并花些时间认真思考哪些原则对你而言最重要、最能触动你的内心。

相信原则的力量

原则并不因信仰、出身或国籍而异。它们无法被否定或动摇，始终适用于所有人，无一例外。无视这些原则的人，迟早会失败。以勤奋为例：你不可能天生会打高尔夫、滑雪、说英语或跳探戈。只有通过刻苦努力，才能真正掌握这些技能。这一点无法逃避，因为勤奋就是一条原则。再想象一下，如果一个人过着与这些原则完全对立的生活会怎样？不公正、充满谎言与欺骗、平庸又或是放纵，这些真的能成为持久幸福与成功的可靠基础吗？从长远来看，这显然不可能。

原则就像指南针，无论我们身在何处，它都会为我们指引正确的方向。

——史蒂芬 · 柯维

让我们一起启程

7个习惯及其背后的原则始终伴随你，绝不会让你迷失方向。它们会一步步引领你，帮助你靠近自己的目标，让更多的自我掌控力、自主权、意义与幸福融入你的生活。为了让这一切成为现实，本书为你准备了丰富的测试、自查清单、问卷、练习以及实用的技巧。因为高效的自我领导力归根结底在于将7个习惯融入日常生活中。那么，让我们明确航向，扬帆起航，共同踏上一段通往自由而充实人生的美好旅程！

推荐：《高效能人士的七个习惯》

在本书中，你将学会如何运用7个习惯来提升自我领导力，从而过上自主且充满意义的人生。如果你想深入了解7个习惯，可以阅读全球畅销书《高效能人士的七个习惯》。

测试：什么阻碍了你实现高效的自我领导

许多人都渴望过上自主而有意义的生活，但最终能够实现的人寥寥无几。这究竟是为什么？通过这个测试找出答案！问问自己：是什么，或者是谁，阻碍我主导自己的人生？在追逐梦想、实现目标的路上，我面临的最大障碍是什么？请勾选所有与你相关的选项。

测试

可能的阻碍：

❑ 过度的完美主义。

❑ 缺乏自信。

❑ 时间管理问题。

❑ 技能的缺乏。

❑ 过低的收入。

❑ 缺乏动力。

❑ 缺少支持。

❑ 家庭责任。

❑ 社交环境。

❑ 出身和基因。

❑ 不稳定的政治局势。

❑ 上司的影响。

❑ 同事的影响。

❑ 缺乏专业知识。

还有哪些阻碍?

当然，可能还有其他因素阻碍着你。请将你能想到的所有内容列入下面的清单：

____

____

____

撬动自主且充满意义人生的最强杠杆

你是否已经找到了那些阻碍你实现高效自我领导的绊脚石？好消息是，有一个关键点可以帮助你撬动并清除这些障碍。这个关键点是什么？答案就是——你自己：

> **你，**
> **就是撬动自主、**
> **充满意义人生的最强杠杆！**

一旦你意识到这一点，一切都会随之改变！不过，这件事有一个小小的难点：从现在开始，你再也没有任何借口了。

- 早晨提不起劲，并不是因为你的基因。
- 工作中没有突破，并不是因为你的学历。
- 对工作失去兴趣，并不是因为你的同事。
- 没能去跑步，并不是因为天气不好。
- 感情出了问题，并不是因为你的伴侣。

当然，这些因素都会产生一定的影响。但最终，决定权在你手中。

你的人生不是外界环境的产物，而是你自己选择的结果。

——史蒂芬·柯维

说实话，仅仅依靠正能量的思考或励志的名言，并不足以让你真正主导自己的人生。那么，真正关键的是什么？是你的**思维方式！**

思维方式决定成败

思维方式，其实就是我们的思维框架、信念体系或潜意识偏见。它们决定了我们如何看待这个世界。然而，这里的“看待”并不是指视觉上的感知，而是指我们如何接受、理解和解读周围发生的事情。以下这个小故事，可以很好地说明思维方式对我们的思想和行为有多大的影响：

误会就是这样产生的

一家大型体育用品店的店长听到一位销售员对顾客说：“这真的看起来不太好，我们也一直在焦急地等待。不过恐怕短时间内都不会有进展，真是遗憾。”

店长听了顿时大惊失色。这个销售员怎么能这样说话？她赶紧追上已经走向门口的顾客，气喘吁吁地喊道：“不，不是这样的！我们当然已经下了订单，货马上就会到了！”

顾客笑了笑，说：“您还真有幽默感！”然后快步离开了店。

店长立刻把销售员叫来，愤怒地训斥道：“绝对不要对顾客说我们没有，如果当时没有，就告诉顾客我们已经订货了，很快就会送到！明白了吗？这位顾客到底想要买什么？”

“雪。”销售员回答。

店长瞬间愣住了，结结巴巴地说：“天啊，这也太尴尬啦，顾客肯定觉得我疯了！”

你是否也像这位店长一样，经历过类似的情况呢？我们总是对自己、他人或特定情境形成假设，结果常常被这些假设误导，作出错误的判断。许多时候，我们对某件事情笃定无疑，但事后却发现自己彻底弄错了。这究竟是为什么呢？原因就在于我们的思维方式！

关注自己的思维方式

当你使用错误的思维方式去看待自己、他人或生活时，会发生什么呢？这就像戴着一副度数不合适的眼镜——你看到的世界是扭曲的、模糊的，甚至是不完整的。比如，你可能对自己有这样的看法：

“我的声音很奇怪，我根本不适合做演讲或报告。只要在人群面前做展示，我一定会出糗！”

这些扭曲的思维方式，往往是你前行路上的绊脚石。因此，学会识别这些有害的思维模式至关重要。花点时间认真思考以下问题，务必写下你的答案：

什么样的思维方式阻碍了我过上自主而有意义的人生？

思维方式总是会产生影响

无论是积极的还是消极的思维方式，都会在你的思考中留下印迹。如果你认为自己不擅长运动，那么脑海中会立刻浮现无数“证据”来佐证这一点。反之，如果你相信自己很健康、很自律，你也会轻松地找到各种理由来支持这一想法。本质上，这一切归结为：

所思即所见，所见即所得。

我们总以为自己是客观的，能够看清事物的本来面目。但事实并非如此：

世界并非如它本身，而是如我们所见。
而我们看到的世界，不过是我们内心的投射。
我们的思维方式和行为模式，皆源于我们看待世界的方式。

因此，认清你的思维方式、信念和潜在偏见尤为重要。你越能看清这些对你的影响，就越能深入剖析，并与现实情况进行比对。而这通常会带来意想不到的顿悟。忽然间，你会以全新的视角看待周围的一切，而那些曾经挡在你前进路上的绊脚石，或许从未真正构成阻碍。当我们深入探讨高效自我领导的7个习惯时，请将这一点铭记于心。这种觉察将帮助你更轻松地理解7个习惯，并将它们顺利地融入你的生活之中，助你拥有更自主、更有意义的人生。

习惯1

积极主动

把握你的人生方向

你的基因、成长环境以及周遭环境会对你产生影响，但它们并不能决定你的人生。

——史蒂芬·柯维

积极主动：高效自我领导的关键

我曾经在夏威夷待过一段时间，专门进行自己的研究。我漫步在图书馆的书架间，偶然间一本书吸引了我的注意。我随手拿起，翻阅了几页。无意中，我的目光停留在3句话上。这3句话宛若一束光照进了我的内心，让一切豁然开朗。

在刺激和反应之间，存在着一个空间。
在这个空间里，人拥有自由去选择自己的反应，并决定如何回应。
而这种自由，正是我们成长与幸福的源泉。

无论发生什么，我们都可以选择不急于作出反应。来自外部环境的刺激与我们作出的反应之间，总有一个留白的空间。正是这个空间，赋予了我们自由，让我们可以停下来思考，并有意识地选择自己的回应方式。学会利用这个空间，掌控自己的反应，是我们实现高效能、推动成长和获得幸福的关键。这一领悟深深烙印在我的脑海里，并成为7个习惯的根基所在。

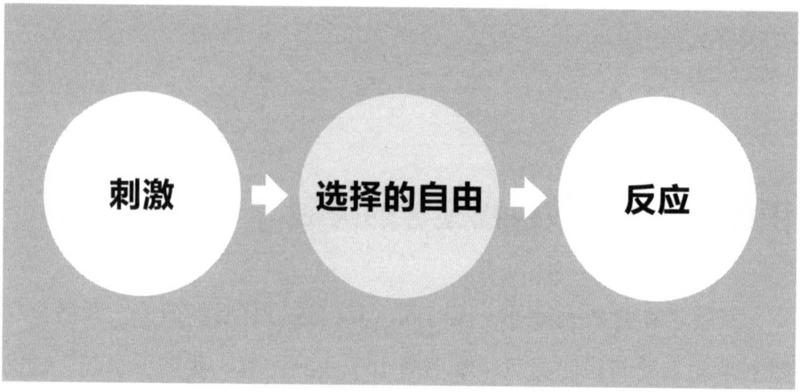

觉察你的自由

许多人并未意识到，在刺激与反应之间，其实存在一个选择空间。他们不了解自己的这份选择自由，也没有意识到自己可以选择回应的方式。因此，他们往往被动地对外界作出反应，而非主动选择自己的行为。积极主动究竟意味着什么？这里有一个简短的解释。

习惯1：积极主动

积极主动意味着你能自己决定人生的方向，有意识地采取行动，而不只是被动地对外界环境或他人的行为作出反应。这是一种不受外界影响支配，而是以内心深处的原则、价值观和信念为导向的行为方式。高效的自我领导力始于你意识到自己拥有主动选择的自由，并可以按照自己的意愿去塑造人生。

积极主动还是消极被动

积极主动和消极被动的区别，可以通过一个简单的小实验来说明。

瓶子实验

想象一下，你的双手各拿着一只瓶子：

- 右手是一瓶可乐。
- 左手是一瓶无气泡的矿泉水。

现在开始用力摇晃这两只瓶子。接下来会发生什么？可乐瓶里瞬间充满泡沫和气体。当你打开它时，会听到嘶嘶的声音，可乐甚至会喷涌而出，溅得到处都是。而矿泉水却完全不同——没有泡沫，没有气体。即使打开瓶盖，水也不会喷出来。

这个实验揭示了一个道理：消极被动的人很容易受环境或条件作用的驱使，感情用事。他们就像那瓶可乐，一旦生活“摇晃”他们几下，内心的压力就会迅速积累，直到突然爆发。换句话说，消极被动的人总是对外界刺激作出本能的反应，却很少意识到自己行为的后果。

消极被动的人总觉得自己是命运的“背锅侠”，完全掌控不了人生的方向。他们从不在自己身上找原因，而是把责任推给他人、外界环境，甚至归咎于星象。

——史蒂芬·柯维

积极主动的人则完全不同。他们会在行动前仔细思考。当然，他们也清楚，自己无法主导生活中发生的一切。但他们明白，自己可以选择如何回应这些事情。积极主动的人就像无气泡的矿泉水——无论你怎么摇晃，他们都不会“爆炸”。没有嘶嘶声，不会冒泡和喷涌。积极主动的人始终冷静、自信、从容地面对生活本身，因为他们懂得利用刺激与反应之间的空间，控制自己的行为。他们会先停下来思考，然后有意识地选择一种与自己的目标、价值观和原则一致的行为方式。他们会告诉自己：

- 我不会对他人说的或做的事情轻易作出反应。
- 我主导自己的思维、情绪和行动。
- 无论别人做了什么或没做什么，都不会让我失去冷静。
- 我绝不会给自己套上受害者的枷锁！

积极主动与消极被动：区别一目了然

消极被动的人容易被情绪、环境和外界因素左右。如果天气好，他们的心情就好；如果天气不好，他们的心情就差。别人对他们好时，他们觉得舒心；而如果别人态度不好，他们就心情低落。积极主动的人却完全不同。无论是晴天还是下雨，他们都不会轻易打乱生活的节奏。遇到问题时，他们不会把头埋进沙子里逃避现实，也不会将责任推给别人。相反，他们会停下来，认真思考，找到一个符合自己目标、价值观和原则的解决方案。下表总结了消极被动与积极主动的主要区别：

消极被动	积极主动
常觉得自己是受害者。	认为自己是人生的主导者。
回避困难，害怕直面挑战。	迎接挑战，并将其视为个人成长的机会。
总是等到问题不可避免时才被迫应对。	果断行动，提前解决问题。
喜欢将错误或问题的责任推卸给他人或外部环境。	毫不推诿，坦然为自己的言行负责。
轻易让他人或外部环境影响自己的情绪。	情绪独立，不受他人或外界环境干扰。
随波逐流，没有明确的方向。	谨慎规划，设定清晰的目标。
犹豫不决，缺乏信心。	果断自信，敢于决策。
依赖外界刺激来获得动力。	内心驱动，自我激励。
消极的思考方式。	乐观面对一切。
交流防御性强，有时甚至表现出消极攻击性。	交流时思路清晰、高效，且富有同理心。
难以掌控情绪，容易被情绪左右。	能够掌控情绪，并以目标、价值观和原则为基础采取行动。

按下暂停键

暂停

如何在面对挑战时保持积极主动并从容应对？这里有一个简单的小技巧：想象自己拥有一个“暂停键”。当你意识到自己正要被情绪牵着走，并即将做出不理智的反应时，按下这个“暂停键”。这样，你可以有意识地利用刺激与反应之间的空间。在这个自由的空间里，你可以仔细思考，并以主动且符合自己目标和价值观的方式采取行动。

你的语言暴露了你

“我就是这样的人。”

▶ 实际意思是：

“我天生这样，我对此无能为力。”

“这真的让我很生气！”

▶ 实际意思是：

“责任不在我，是外界因素控制了我的情绪。”

一个人是积极主动还是消极被动，从他们的话语里就能听出端倪。消极被动的人往往通过言辞暴露出推卸责任的意图，总是把问题归因于他人或外部环境。上页图中上方的两个气泡是典型的被动型语言。

常常把这样的语言挂在嘴边是一个严重的问题。因为这会变成一种自我应验的预言，使得一语成谶。消极被动的人总是通过这样的语言强化自己的信念——认为自己被外界掌控。而更糟糕的是，他们还会不断为这一信念寻找佐证，巩固自己的这种想法。久而久之，他们坚定地相信自己是一个"受害者"，无法对自己的生活和人生负责。

你每天都可以自由选择

我们每天都会面临很多选择。我们可以选择积极主动，也可以选择消极被动。想象一下，某天，可能天气很糟糕；有人给你发了一条让你火冒三丈的短信；同事把一堆烦人的任务甩给了你；你的孩子没有通过化学考试；你的伴侣工作不顺心，情绪低落，让你也觉得心情很差。这时，你会怎么做呢？是会让坏情绪占据上风，让这些琐事毁掉你的一天，还是会从这些问题中跳脱出来，积极主动地寻找解决方案？这完全取决于你。你不需要被外界的事情牵着鼻子走，也不需要迎合别人的期待去回应。接下来，我们来看两个实际的例子：

关于派对照片的故事

你在社交媒体上看到了一些新发布的派对照片，照片里的主角正是你最好的朋友。她看起来玩得特别尽兴。但问题是——你们本来约好那天晚上一起出去玩，可是你的朋友突然告诉你她太累了，想早早睡觉。于是你取消了出行计划，也留在家，看了几集最喜欢的电视剧。原本这个夜晚对你来说还不错，可当你刷到那些派对照片时，瞬间觉得自己被背叛了，心里特别难受。此时，你有两种选择：你可以用消极被动的方式看待这件事，或者选择积极主动地面对它。

消极被动的选择

- 你感到无比委屈，觉得朋友太过分了。你的情绪崩溃了，你开始暴饮暴食，并把坏情绪发泄到家人身上。
- 你认定朋友是个彻头彻尾的骗子，于是在社交媒体上取关她，并不再搭理她。
- 你在背后说她的坏话，大肆吐槽她的不靠谱，并决定从此不再和她来往。

积极主动的选择

- 你安慰自己，虽然那晚没有朋友陪伴，但其实那个夜晚也过得不错。于是，你选择原谅她，并愿意给她一次机会。
- 你不让这件事影响你当下的心情，而是叫上其他朋友，一起度过一个愉快的女生之夜。
- 你直接联系朋友，告诉她看到那些派对照片让你有多难过，并坦诚表达你的感受。

一件非常不公平的事情

你在这个岗位上已经工作了三年多，一直努力且可靠。一年前公司来了个新同事，他的能力并不比你好，但他特别擅长自我推销。现在，他得到了你一直渴望的升职机会。

消极被动的选择

- 你向同事、家人和朋友抱怨这一切有多么不公平，多么让人难以接受。
- 你开始盯着这个新同事的一举一动，准备捕捉他的错误，一旦发现问题就打算向公司领导报告。
- 你对工作失去了热情，从此只敷衍了事，不再全心投入。

积极主动的选择

- 你主动找上司沟通，询问为什么新同事会得到升职机会，并请教自己需要如何改进才能争取到下次升职的机会。
- 你不再过分低调，决定让自己的能力和成就被看见。你主动表现自己，把你的贡献和成绩清晰地展示出来，确保自己出现在下一次升职名单的前列。
- 你意识到，这份工作或许并不能满足你的职业目标。于是，你开始积极寻找更好的机会，让自己尽快实现职业上的突破。

积极主动需要创造力和想象力

积极主动的人不会只是等待别人采取行动，他们会主动掌控事情的发展。这并不意味着要变得咄咄逼人或不友善，而是以创造力和想象力来引导事情朝着你所期望的方向发展。你越积极主动，就会发现自己在刺激与反应之间拥有的空间越大，而这种空间为你带来的自由也就越多。这是一条自然法则。

但如果你没有利用好自己的选择权，或者几乎从不主动行动，会发生什么呢？刺激与反应之间的空间会逐渐缩小，直到完全消失。那时，你只是在被动地回应外界强加给你的事情，而不再拥有自主权，完全受制于外部环境。为了避免这样的情况发生，接下来你将了解如何践行“积极主动”。不要只是阅读这些方法和技巧，而是尝试付诸实践，锻炼“积极主动的肌肉”。拓展刺激与反应之间的空间，掌控未来的生活方向，成为自己人生真正的主人。

习惯 1

积极主动　实践练习

利用刺激与反应之间的空间

实践积极主动的关键一步，就是学会有意识地利用刺激与反应之间的空间。以下几点建议看似简单，却能够帮助你在面对挑战时依然保持冷静和自信：

- 弄清楚是什么让你感到焦虑或失控。明确这些触发点，可以帮助你及时控制负面情绪的蔓延。
- 留意身体的警示信号。当情绪高涨时，你的身体有什么反应？比如，你是否握紧了拳头，心跳加快，甚至呼吸变得急促？或者，你的语调是否变得尖锐刺耳？
- 感觉快要失控时，及时按下“暂停键”。停止说话，试着想象一个宁静美好的场景，或者倒数几个数字让自己冷静下来。深吸一口气，再缓缓吐出，释放身体的紧张感。心里默念：“我选择不生气，我能掌控自己的情绪。”如果有必要，向对方提出暂时中断对话的请求。
- 尝试用幽默化解僵局。但一定要避免讽刺和挖苦，避免让局势升级。
- 想一想，当你失控或者发怒时，会发生什么，这样做真的值得吗？
- 弄清楚发怒并没有意义。试着在心里反复默念以下句子：
  - “愤怒解决不了问题，冷静下来才能让我更好地应对。”
  - “我无法控制别人说什么、做什么，但我可以掌控自己的反应！”

或者，你也可以写下属于你的积极主动宣言。这句宣言可以帮助你在压力重重的时刻保持冷静，从容应对。

我的积极主动宣言：

关注你的语言

消极被动的人常常带着受害者心态说话。而积极主动的人则通过他们的语言，表现出对自己思维、情感和行动的掌控能力。下表展示了两者的差异：

消极被动的表达	积极主动的表达
我天生就这样，改不了。	我可以改变！
你太让我生气了！	我能掌控自己的情绪！
我不得不这样做……	我选择这样做，因为这有助于实现我的目标！
事情对我太不利了，我不干了。	我会找到办法，让事情朝着我期望的方向发展！
天啊，我真是太笨了！	哎呀，这次出错了，不过下次我会做得更好！

• 从消极被动转向积极主动 •

如果想让自己更积极主动，不妨从改变语言开始。以下列举了一些消极被动的表达，试着将它们改写成积极主动的句子。你还可以结合自己的实际情况，添加更多的例子。

消极被动的表达	积极主动的表达
我等工作闲下来再开始锻炼。	
如果我的老板没那么糟糕，我的表现一定会更好。	
我完全不知道这要怎么做。	
我实在是没时间。	
我的伴侣总让我抓狂。	
……	
……	

句式转变的技巧

接下来的一段时间，不妨留意一下你的说话方式，并有意识地用积极主动的表达替换消极被动的表述。以下是一些实用的句式开头：

- “我决定……”
- “我想……”

- “我可以……”

你会发现，当你的语言变得积极主动时，你的心态也会随之改变。你不再觉得自己是受害者，而是主导者，能够掌控人生并从中获得乐趣。

扩大你的“影响圈”

你可能听过这篇由美国神学家莱因霍尔德·尼布尔创作的祷文：

> **上帝，请赐予我宁静，**
> **去接受那些我无法改变的事；**
> **赐予我勇气，去改变那些我能够改变的事；**
> **并赐予我智慧，分辨二者的区别。**

这几句话说出了积极主动的行为动机。那么，如何判断哪些事情可以改变，哪些事情无法改变呢？很简单：学会区分“关注圈”和“影响圈”。

“关注圈”还是“影响圈”？

我们每个人都有一些格外关注的问题，比如健康、家庭、工作中的烦恼、通货膨胀、养老金安全、对气候变化的担忧甚至国际冲突的影响……所有这些都在我们的关注范围之内。但如果仔细分析这些关注点，就会发现一个事实：对于其中的许多事，我们几乎没有甚至完全没有控制权。但在其他事情上，我们可以产生很大的影响，正是这些事情构成了我们的“影响圈”。

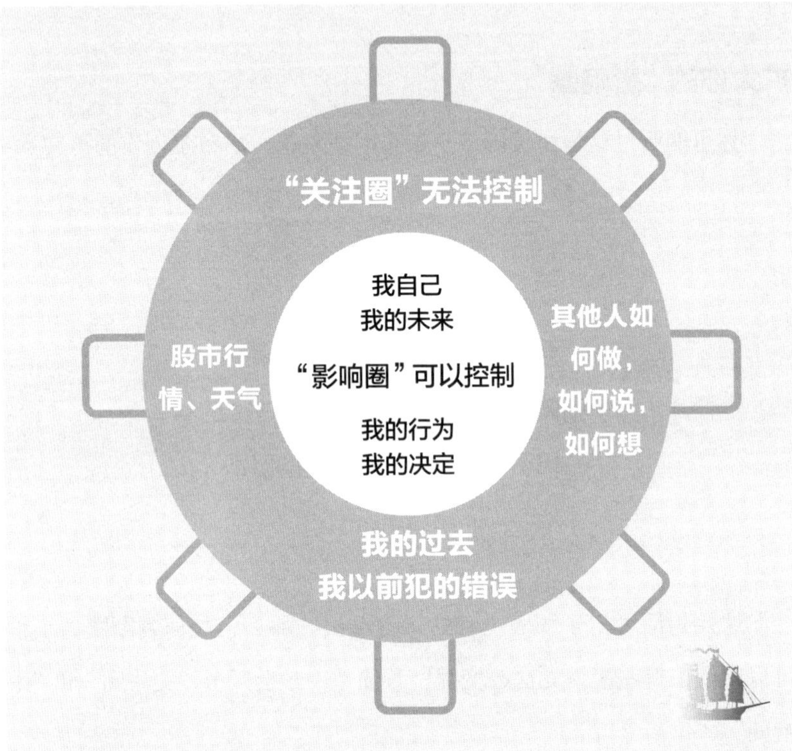

那些你无法影响的事情属于你的“关注圈”。如果你把时间和精力耗费在这些事情上，是不会有任何进展的。毕竟，你几乎无法对“关注圈”内的事情产生实质性的影响。因此，你需要聚焦在自己的“影响圈”内，因为只有在“影响圈”里，你才能真正做力所能及之事。下面的练习就是一个不错的起点。

我能影响什么？

好消息是：你能影响的事情远比你想象的多。请阅读以下清单，标出在你的“影响圈”之内的事情。

我的思维方式 ⚓ 我的态度和心态 ⚓
我的行为习惯 ⚓ 我对周围发生的事情的反应 ⚓
我是否为自己的人生负责 ⚓
我能从错误中学到什么 ⚓ 我的目标 ⚓
我为实现目标投入的努力 ⚓ 我如何与他人相处 ⚓
我如何合理利用时间 ⚓ 我如何关心那些我在乎的人 ⚓
我是否把钱花在有意义的地方 ⚓
我为自己的身心健康和强健体能做了什么 ⚓
在做决定前我获取的信息质量如何 ⚓
我如何管理和调节自己的情绪 ⚓

我还能掌控什么？

当然，你能够掌控更多事情，例如：

- **职业发展：**与其等待机会的到来，我不妨主动学习新技能，拓展人脉，积极寻找新的职业机会，努力为自己的职业发展创造更多可能性。
- **环境保护：**与其眼睁睁看着环境被污染，我不妨从自身做起，避免购买不必要的物品，骑自行车上班，选择本地生产的食品，做好垃圾分类。

写下至少两件你准备立刻采取积极行动的事情：

1. ______________________________

____

____

2. ______________________________

____

____

积极主动，应对挑战

想一想，你目前面临的一个重要挑战：

我面临的挑战：

我该如何专注于自己能够影响的事情，并积极主动地应对挑战呢？

积极主动的人会把注意力放在自己能够影响的事情上。他们的能量是积极向上的，能激励人心，并增强信心。

——史蒂芬·柯维

习惯 2

以终为始

重新定义你和你的人生

每个人内心深处都埋藏着一份渴望：过一种真正有意义，能带来改变的生活！

——史蒂芬·柯维

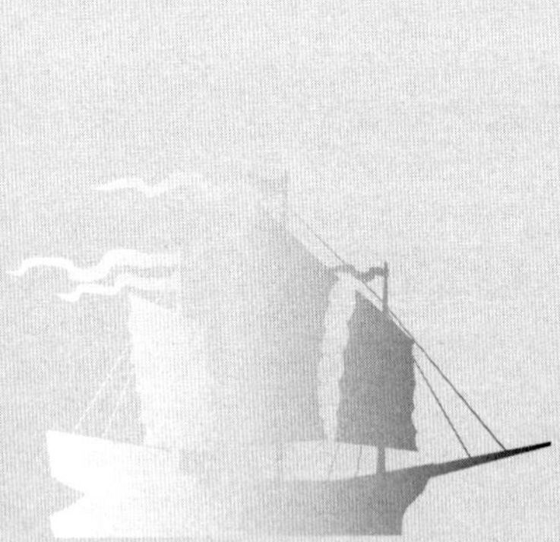

是活出自我，还是被动接受？“以终为始”带你找到答案

我是电影和戏剧的一名忠实爱好者。演员们融入不同角色，以无与伦比的激情和强大的感染力赋予角色生命，令人深深着迷。演员的表演虽出色，但始终是在遵循剧本的设定。剧本决定了情节、台词和故事走向，演员只能忠实地服务于此。

就像演员一样，大多数人都在有意或无意地按照别人给的“剧本”生活。这些“剧本”可能来自父母、家人、朋友，甚至社会的规范和期待，并左右着我们的思维方式、选择和行为。但好消息是：你不必一直活在他人设定的“剧本”里！过去无法改变，但你可以为接下来的生活书写自己的剧本。“以终为始”会帮助你重新掌控自己的生活。

习惯2：以终为始

高效自我领导的第2个习惯，是明确你想要过怎样的人生。而这一步的核心在于“愿景”。

愿景的力量不可小觑。它赋予我们打破惯性模式的勇气、坚持不懈的毅力，以及坚定的目标感，让我们书写属于自己

的人生剧本。这个剧本应与我们的价值观、原则和目标保持一致。

谁在掌控你的人生？

如果你不主动书写自己的“人生剧本”，就会有人替你做决定。那么，谁会成为你“人生剧本”的编剧呢？可能是你的上司、同事、家人，甚至朋友。例如：

- 你真的愿意让你的父母或兄弟姐妹为你规划人生吗？
- 你想让朋友来告诉你，你应该坚持什么吗？
- 你喜欢被网络、电视剧或社交媒体强加的价值观所左右吗？

也许你此刻正在想：“我不想总是为未来操心，活在当下不好吗？随心所欲地享受此刻，顺其自然地过日子！”活在当下自然没错，我们都应该珍惜生命中的每一刻，享受每一天的美好，不要让自己陷于对明天的过度忧虑之中，但完全放任自己被生活的浪潮推动，一味顺其自然呢？我们会被带到一个完全由偶然决定的地方，迷失方向和目标。

你究竟想过什么样的人生？

如果一个人不了解自己的人生方向，他很可能会下意识地追随那些掌控局面的人，甚至在不知不觉中偏离了正确的轨迹。然而这种盲目的随波逐流恰恰与高效的自我领导背道而驰。

一条四通八达的路，最终只会让人无处可去。

探寻生命的真正目标

如果你一开始就清楚自己的人生目标，你就能采取正确的行动，让生活变得更加有意义，同时实现自己的梦想。一个简单的例子可以形象地加以说明：

最终会变成什么样？

想象一下，你想拼一幅拼图。你将1000块拼图倒在桌上，然后翻过盒子的盖子，想看看完整的图案是什么，因为你想知道自己要拼出什么。然而，盒盖上什么都没有！没有图案的提示，你该如何开始？哪怕能看一眼图案，也会有所帮助。然而，现在没有任何线索，你根本不知道从哪里下手。再想象一下，如果把你的人生比作一幅拼图，你是否清楚这幅拼图完成后的样子？你心中有明确的目标吗？

创造的两个阶段

“以终为始”的一个原则基础是——任何事都是两次创造而成。

1. 首先在头脑中构思
2. 然后在现实中创造

也许你没有意识到，你习惯这样做：

- 开车出发前，你会把目的地输入导航。
- 演讲之前，你会准备好大纲和演示文稿。
- 烤蛋糕之前，你会阅读食谱并准备好所有材料。

尤其是建造房子的时候，你可以清晰地看到创造的两个阶段。

没有设计图可不行！

在开始建造理想中的家之前，你已经规划好了房子的具体布局。首先你会想象房子建好之后的样子。如果你希望房子适合一家人居住，你会设计一个宽敞的客厅，让这里成为全家人聚会的中心；你会为孩子们规划一个游戏室，外加一个沙坑和花园里的烧烤角；如果你计划之后在家工作，你还会为书房预留足够的空间。

当房子的布局图在你的脑海中足够明确和清晰时，你才会去找建筑师。他会根据你的需求绘制出一份详细的设计图。只有等图纸完成后，施工才会正式开始。但如果你跳过规划阶段，直接动工，会发生什么？你不得不在实际建造过程中进行无数次调整和修改，而这会耗费大量的时间和金钱！

两次丈量，一次下锯

木匠常说："量两次，锯一次。"如果你想高效地领导自己的人生，这个原则也同样适用。首先为自己的人生写一个"剧本"，明确具体的目标，然后一步步将这些目标付诸实践。更重要的是，把"剧本"时刻放在心上。以终为始，你会清楚每天应该做什么才能实现目标，过上理想的生活。如何做到这一点？在接下来的实践训练中，你会找到具体的方法。

习惯 2

以终为始　实践练习

个人使命宣言：你的人生剧本

你知道实现以终为始最有效的方式是什么吗？那就是：撰写你的个人使命宣言。

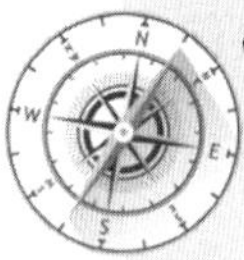

你的个人使命宣言：

……是你通往自主且充实人生的指路明灯。

……阐明你所坚持的原则和价值观。

……在你面临困难时，帮助你保持正确的方向。

……指导你每天的行动，让你朝着目标迈进。

……时刻提醒你，什么才是你生命中真正重要的事情。

如何打造你的个人使命宣言？

个人使命宣言没有固定的格式，也没有标准答案。每个人都是独一无二的，这种独特性也会体现在个人使命宣言中。没有哪两个人的个人使命宣言会完全相同。不论是长文、概述、诗歌，还是一幅彩色拼贴画——如何打造你的个人使命宣言完全由你自己决定。在这里，不要束缚你的想象力，只需要遵守一件事：

务必将你的个人使命宣言落在纸上，亲手写下来。

• 在30分钟内完成个人使命宣言 •

通过以下练习，你可以在30分钟内完成个人使命宣言的初稿：

1. 补全以下句子："我的人生目标是……" 用10分钟时间，尽情写下你内心的想法。想到什么就写什么，不要纠结，也不要修改或删除任何内容。哪怕一时思绪受阻，也不要停下笔，继续写下去。10分钟结束后，再放下笔。

2. 接下来，花20分钟审视、整理你刚刚写下的内容，必要时重新组织语言。

现在，找一个安静的地方，开始起草你的个人使命宣言吧！

检视你的个人使命宣言

静心阅读你已经写下的个人使命宣言初稿。拿出一张纸，回答以下问题：

- 我的个人使命宣言是否体现了我的价值观和原则？还有哪些地方可以加以补充和完善？
- 我的个人使命宣言是否反映了我生命中真正在乎的事情？我还想做出哪些调整？
- 我的个人使命宣言是否全面且平衡？它是否兼顾了职业和个人

生活？它能否为我的生活带来更多的平衡？我还能做些什么来更新和提升这种平衡？

- 我的个人使命宣言是否包含了明确而有意义的目标？是否避免了形式化的、以自我为中心的愿望？有哪些目标是我一定要在宣言中清晰表达的？
- 我的个人使命宣言是否阐明了生命中的更高意义与使命？是否提到了我的生活对他人产生的积极影响？在这方面，我还能补充或更清晰地表达什么？

回答完所有问题了吗？马上翻到下一页，把你的个人使命宣言写进这本书里吧！

我的个人使命宣言

设定目标

从你的个人使命宣言中提炼出具体的目标。目标能为你的个人使命宣言提供动力与方向。再读一遍你的个人使命宣言，并从中总结出最重要的长期目标。注意：不要给自己太大压力，专注于少数几个真正重要的人生目标。

对我来说最重要的人生目标是

推荐：《以终为始：高效能人士的第二个习惯》

如果你想更深入地思考你的个人使命宣言，我将这本书推荐给你。

• 通过4个问题明确目标 •

1.是什么?

恭喜！你已经找到了目标是什么，也就是你刚刚写下的那些目标。

2.为什么?

只有当你自己清晰地知道为什么是这个目标时，你才能坚定地朝目标前进。

3.怎么做?

你会如何实现这个目标？你打算怎样规划路径？你如何知道自己已经达成了目标？

4.何时完成?

你希望在什么时候实现这个目标？不仅要明确预期目标实现的具体时间，还要为每个阶段设定具体的时间点。

确保你实现人生目标

结合“是什么”“为什么”“怎么做”和“何时完成”这4个问题，系统地规划人生目标。可以参考下一页的内容来辅助操作，更重要的是，复制这些步骤，来填写和完善每个目标。

我的目标计划

我的人生目标是什么？

____

____

我打算什么时候实现目标？

我计划在……前彻底实现目标。

____

为什么这个目标对我很重要？

____

____

我会如何实现我的目标？

我会如何规划路径？

____

____

____

我会如何知道目标实现？

____

____

____

找到你的人生格言

你已经确定了个人使命宣言并明确了最重要的人生目标，这意味着你朝着自主且充实的生活迈出了重要的一步。但是，如何在忙碌的日常生活中始终坚持自己的价值观、原则和目标呢？答案是将你的个人使命宣言凝练成一句人生格言。

人生格言该怎么写？

仔细想想什么样的人生格言最能代表你，然后将它填写在下面的框内。不要简单照搬他人的格言，也不要直接引用那些耳熟能详的名言。找到属于你自己的人生格言，一个能清楚表达你是谁、为何而活以及你想如何度过一生的格言。

我的人生格言：

____

____

____

我的人生格言：

____

____

____

习惯3

要事第一

做真正能推动你前进的事

最重要的事情，就是确保最重要的事情始终被优先对待！

——史蒂芬·柯维

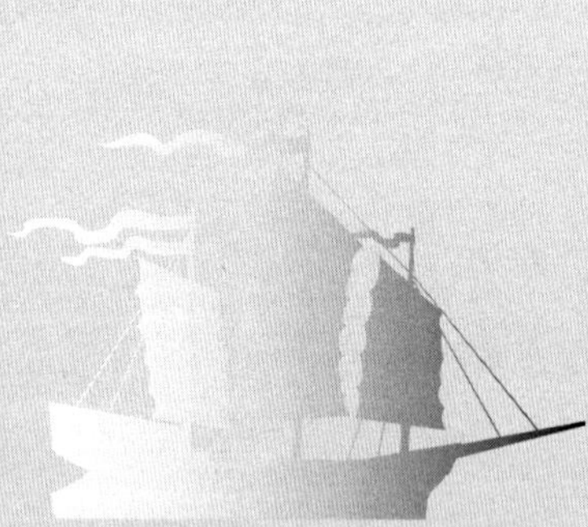

独立意志的力量

你已经知道如何按照自己的想法积极主动地规划人生，你也将个人使命宣言和最重要的人生目标写了下来。那么，如何在忙碌的日常生活中坚持和实现人生愿景呢？其实很简单：坚持“要事第一”！但就像生活中的很多事一样，听起来简单，真正做到却并不容易。

比如，下班后你必须帮助孩子做作业；你还得去采购，因为冰箱又空了；明天你有一个重要的会议，可你还没有准备好；你还需要给姐姐打个电话，因为她现在遇到了困难，需要你的支持；你还要遛狗……对于很多人来说，每天永远有忙不完的事。在日复一日的忙碌中，人们往往迷失在纷繁的琐事中，不知该先做什么。“要事第一”的习惯可以帮助你保持冷静，即使在压力最大的时候也能专注于重要的事情。

习惯3：要事第一

第3个习惯强调如何最好地利用时间和精力，让人生不仅高效而且幸福。习惯3是习惯1与习惯2的具体实现，核心在于区分“重要的事”和“紧急的事”，并设定明确的优先级。这是高效自我领导的关键，帮助你专注于那些能真正为事业和生活带来价值的事情。

效率和效能：两者有何区别

要理解习惯3，我们需要先分清效率和效能。这是两个经常被混淆的概念，但它们其实有着本质上的差异。

- **效率：**指在最短的时间内，以最少的时间、成本和资源（更快、更省、更好地）完成任务的能力。换句话说，高效率的人可以以最少的投入和最快的速度达到最大的产出。
- **效能：**强调的是设定优先级，把精力集中在对实现重要目标贡献最大的事情上，把产能投入到正确的事情上。换句话说，你的效能越高，就越能专注于你真正关心的人、任务和目标。

效率与效能的区别可以用两句话很好地概括：

效率意味着
正确地做事。

效能意味着
做正确的事。

无论在生活还是工作中，要想实现目标，高效率和高效能都是不可或缺的关键因素。理想的状态是两者兼具。然而，繁忙的日常生活下许多人容易掉入“效率陷阱”。什么意思呢？下面的例子可以说明这一点。

你的梯子搭在哪里？

如果你的注意力没有放在真正重要的事情上，你很快就会陷入日复一日的忙碌循环中。你拼命努力，顺着通往成功的阶梯一步一步爬。可到头来才发现，梯子一直搭错了墙。你很忙，忙得连喘口气的时间都没有。或许你做事非常有效率，但却完全没有效能可言。

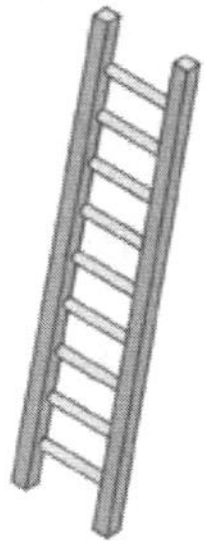

时间管理有用吗？

“靠错墙的梯子”告诉我们，时间管理其实并不万能！可即便如此，还是有很多人不停地努力优化工作流程和日程安排，恨不得把一天当成两天来用。日程表早已排得满满当当，他们却还在不断加码。最终，这些人或许在事业上取得了一些成绩，但却发现自己一直在爬的梯子靠在了“错误的墙”上。他们或许拥有超高的工作效率和产出，但却以牺牲个人生活、健康以及家庭关系为代价。难怪很多人越工作越疲惫。习惯3“要事第一”告诉我们，你无法控制时间，但是你可以领导自己。

你无法真正管理时间，但你可以领导自己。实践“要事第一”，你不仅能在事业上取得成功，也能拥有幸福的生活。

想要做到“要事第一”需要关注什么？除了书中给出的技巧和策略，更重要的是坚持不懈的努力和强大的意志力！

你会如何选择？

“要事第一”关乎人的独立意志，尤其考验你的坚持和判断。你需要同时做到两点：

1. 对那些紧急的事情说“不”。
2. 对那些重要的事情说“是”。

“紧急的事”指的是那些需要立刻处理的事情，比如一封新邮件、一条弹出的短信消息，或响起的手机铃声。大多数人无法忽视那些看似紧急的事情，总觉得必须立刻处理。但问题在于：紧急的事往往并没有那么重要！

“重要的事”是指那些能够推动你完成关键任务、达成目标、实现愿景的事情。遗憾的是，我们却常常拖延那些真正重要的事情。为什么？因为它们通常不具有紧迫性。

运用时间管理四象限

如何专注于真正重要的事，并且不再让那些“紧急却不重要”的事情消耗你的时间和精力？时间管理四象限为你提供了清晰的思路。

	紧急	不紧急
重要	**第一象限：必要事件** 危机处理 紧急会议 临近截止日期的任务 迫切问题 意外事件 加班	**第二象限：高效能事务** 主动开展工作 制定和实现目标 学习与创新 规划和预防措施 维护与拓展人际关系 休息与自我提升
不重要	**第三象限：干扰类事件** 突然的打扰 不必要的琐事 无关紧要的会议 他人的次要问题 冗长无聊的邮件、电话、信息等	**第四象限：时间黑洞** 琐碎的工作 逃避或拖延重要任务而进行的活动 消磨与懒散 闲聊八卦 无节制地上网、刷剧、打游戏等

现在请好好看看时间管理四象限。思考一下，高效能人士会把大部分时间花在哪个象限呢？

高效能人士将时间和精力集中于第二象限的事务。
这里汇聚的是“重要但不紧急”的事情。

第二象限：高效自我领导的核心

要想拥有高效、幸福且成功的人生，关键在于将更多时间投入到第二象限的事务中。这包括：

- 陪伴家人与朋友。
- 制定人生目标和长期计划。
- 规划事业发展。
- 自我学习和提升。
- 关注健康，坚持锻炼。
- 学会放松，让身心得到休息和恢复。

第二象限的事情对个人成长和自我领导至关重要。然而，由于这些事情并不紧急，人们往往容易忽视或一再拖延。但高效能的人深知，这些“重要但不紧急”的任务才是真正影响未来走向和成功的关键！

为第二象限的事务规划时间

如何以最小的投入，争取更多时间来完成第二象限的重要任务呢？请牢记一个原则：“先放大石头！”这是什么意思？让我们通过一个例子来理解：

如何将所有石头装进桶里

想象一下，你面前有一只装满了小石头的桶。现在，你想往里面放几块大石头，却发现它们太大、占据太多空间，根本无法全部放进去。你该怎么办？唯一的办法就是把桶里的石头全倒出来，从头再来。这一次，你先放大石头，然后再倒入小石子。小石子会顺着缝隙滑入空隙，所有石头都能轻松装进桶里。对时间的规划也是如此！你要先安排好那些“大石头”——也就是你最重要的任务。然后你会发现那些琐碎的小事总能见缝插针，顺利完成。

想了解如何在时间规划中运用“大石头法则”，让重要的事情推动你实现真正的进步吗？答案就在接下来的实践练习中！

习惯 3

要事第一　实践练习

制作你的时间对账单

到底是什么人或事偷走了你本该用在重要事情上的时间？记录你在普通工作日的时间分配比例，制作一份时间对账单，找出答案。

	紧急	不紧急
重要	**第一象限** 必要事件 ________%	**第二象限** 高效能事务 ________%
不重要	**第三象限** 干扰类事件 ________%	**第四象限** 时间黑洞 ________%

仔细审视你的时间对账单，并回答以下问题：

我在哪个象限投入了最多的时间？这会如何影响我的人生目标和未来发展？

哪些突发事件、临时任务、紧急问题，以及在限定时间内必须完成的任务可以通过更合理的时间分配和优先级安排来避免？

我每天在第三象限（干扰类事件）和第四象限（时间黑洞）上消耗了多少时间？

让第二象限事务成为生活中心的有效策略

总会有一些时候，我们很难拒绝那些不重要的事情。我们可能会被第三象限中那些紧急但不重要的任务牵着鼻子走，或者干脆沉迷于可逃避现实的第四象限事务中，因为那让人感到轻松愉快。想要将时间和精力集中于重要但并不紧急的事务上，并不是一件容易的事。唯一的解决办法就是制定一个策略，帮助自己在面对压力和干扰时，依然能优先处理这些重要任务。

第二象限事务

为了腾出更多时间专注于这些重要但并不紧急的事务，我会有意识地对不重要的事情说“不”。同时，把一些任务委托给他人。为了专注于要务，我还会定时关闭电子邮件提醒和手机通知。此外，我计划：

计划你的一周

最有效的方法，就是利用周计划来优先处理重要事项。每周抽出30分钟，规划好接下来7天的安排。你会发现，这个小小的改变竟能让生活发生如此大的变化。

如果你只做日计划，往往只能被动应对各种突发状况，任由外界左右，成了他人意志的“提线木偶”。你不会真正关注那些对你而言至关重要的事，而是整天忙着处理各种紧急事务和应付危机。然而，以一星期为周期制订计划，7天一体，相互呼应，你可以更好地领导自己的生活，把握人生方向！

高效周计划的秘诀

在开始制订周计划前，我想先分享一个让生活更自主、充实且幸福的秘诀：在制订周计划时，将“个人使命”和“人生角色”放在核心位置。你可以尝试这样做，因为这会带来两个关键好处：

1. 你能确保制订的计划兼顾了长远目标和具体生活的方方面面，使之保持整体平衡。
2. 你不仅能在事业上取得成就，还能为家人、朋友、兴趣爱好、社交活动、个人成长、信仰、健康和休息留出足够的时间，让生活更加充实。

有什么比提前做好一周的规划更能帮助你平衡生活、提升效能的呢？在一周开始前，做好计划吧！

——史蒂芬·柯维

因此，不要盲目地随意计划，不要让各种紧急事务塞满你的一周。花点时间，认真思考你在生活中最重要的角色！

你有哪些关键角色？

无论是伴侣、父母、邻居、社团成员、运动爱好者、同事、朋友还是其他角色，每个人在生活中都要扮演很多不同的角色。问题在于，很多人试图同时在很多角色中做到面面俱到，但这通常以失败告终。因此，把关键角色数量控制在7个以内是非常重要的。仔细思考你在生活中的各个角色，然后在下方填写你认为最重要的7个关键角色。

我的7个关键角色

制订周计划

现在你已经确定了自己的7个关键角色。太棒了！接下来，就可以开始安排周计划了。你的重要目标、关键角色和第二象限的重点任务，就是计划中的“大石头”。在制订计划时，要优先安排这些“大石头”，把它们先填入计划表中。然后再安排“小石子”，也就是相对次要的任务。你会发现，这些“小石子”刚好可以填补“大石头”之间的空隙。

3步制订周计划

1. 预留时间制订计划。每周五或周末，抽出30分钟制订下周的计划。在日程表中固定留出这段时间，并将制订计划视为第二象限中的高优先级任务。

2. 确定每个角色的周目标。回顾你的个人使命宣言、关键角色和长期目标，为每个角色设定1—2个周目标。问自己："接下来7天，对于这个角色的我来说最重要的事情是什么？"特别注意，周目标应包括第二象限的重点任务，围绕你的长期目标展开——就是你在撰写个人使命宣言时设定好的长期目标。你应该为周目标预留足够的时间，并在此基础上安排其他的"小石子"。

3. 保证工作与生活的平衡。你的周计划需要同时兼顾个人生活和工作进展。如果做不到，果断删减周计划中那些不重要的、低优先级的任务。你可以选择推迟、删除这些任务，或把这些任务交给别人。

周计划自检清单

在执行周计划之前，先参考以下清单检查一遍，确保计划的合理性和可行性：

❑	我的周计划是否反映了我的个人使命宣言、7个关键角色和人生目标？
❑	我的计划是否平衡了私人生活和职业发展？
❑	我是否为第二象限的重点任务预留了足够的时间？
❑	计划是否过于饱和，缺乏实际操作性？
❑	是否已经删除了不重要的任务？
❑	是否安排了足够的休息和放松时间，以保持长期的高效和稳定表现？
❑	是否留出了充足的时间，去陪伴重要的人，去做重要的事情？

回顾你的周计划

每周结束时，花点时间反思一下，问问自己：

1. 本周哪些事情进展得特别顺利？

2. 什么让我感到最开心？

3. 什么因素最有效地提升了我的效能？

4. 本周有哪些因素严重阻碍了我的效能？

5. 在周计划中，还有哪些地方可以改进和优化？

推荐：《高效能人士的七个习惯·每周挑战并激励自己的实践指南》

在这本书中，你可以找到关于周计划的详细示例和空白模板。

习惯4

双赢思维

培养富足心态

双赢思维并不是一种成功技巧，而是一种追求互惠互利的人际关系哲学。拥有双赢思维的人视人生为合作的舞台，而非竞争的赛场。

——史蒂芬·柯维

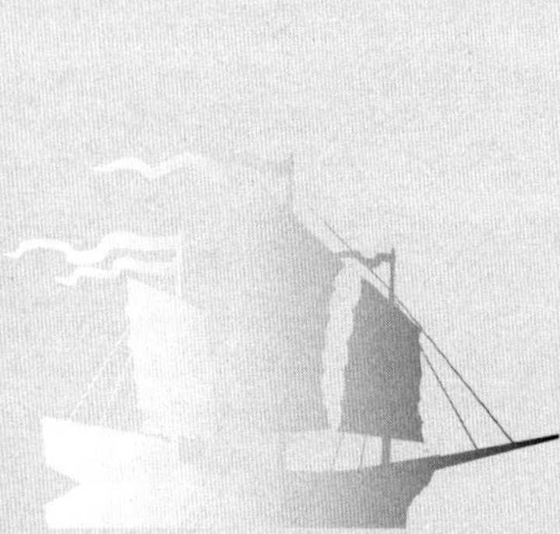

让每个人都成为赢家

很多人把人生看成一场生日蛋糕争夺战。大家蜂拥而上，谁动作快、自私欲强，就能抢到最大的蛋糕。剩下的人要么只能捡点碎屑，要么两手空空。蛋糕就这么大，分一块就少一块。最后的结果就是，一个幸运的赢家和一群失望的输家。

习惯4：双赢思维

双赢是一种人生态度，它告诉我们：“我能赢，你也能赢！这不是我和你之间的较量，而是我们一起赢。”顾名思义，双赢的基础是“赢”，这意味着，寻找对各方都有利的解决方案，而不是陷入“你赢我输”的零和博弈。人生不是竞赛，而是团队合作！

为什么双赢是最佳方案？

双赢是一种寻求所有参与者共同受益的思维模式。但如果我们在人际交往中不寻求双边共赢会怎么样呢？下面的表格清楚地展示了双赢模式与其他几种思维模式的区别：

双赢与其他思维模式	
|赢—输| 我得到一切，你什么都没有。这世界不可能同时满足我们两个人的需求！	**|输—输|** 我希望你输。为此，我甚至愿意让自己也一起输！
|输—赢| 你得到一切，而我一无所有。如果你赢了，那我就注定要失败！	**|赢—赢|** 我们相互支持，共同获益。世界之大，人人都有足够的立足空间！

人生不是生日派对上的抢蛋糕比赛

那些不愿意接受双赢的人，通常抱持一种匮乏心态。他们认为，这个世界的资源有限，根本不够每个人分享。无论是金钱、财富、赞誉还是认可，他们都不愿与他人分享，哪怕面对曾经帮助他们成功的人也是如此。而且，这种内在的匮乏使他们很难真心为他人的成功与幸福感到高兴。特别是在面对自己的家人、亲密朋友或长期共事的同事时，这种匮乏感尤为明显。仿佛只要别人获得了特殊的认可、意外的收益或重大的成就，就等同于从他们手中夺走了什么。事实上，大多数情况下，与他人合作时的收获要比单打独斗大得多。因为：

人生不是只能分享一块蛋糕的生日会。
无论是获得成功、职业机会、金钱、认可、赞扬，
还是收获爱与幸福，这个世界上很多资源其实
是充足的，可以共享。

相信双赢的人都拥有一种丰盈富足的心态，他们坚信资源足够共享。那么，是选择匮乏还是富足？下方的表格将进一步解析其中的区别。

匮乏心态的人	富足心态的人
资源有限，无法满足所有人。	资源充足，足够满足所有人。
只关注自己的利益得失。	关注所有人的共同利益。
担心最糟的情况发生。	期待最好的结果。
不喜欢改变。	期待并欢迎变化。
消极被动。	积极主动。

（续表）

匮乏心态的人	富足心态的人
认为自己什么都懂。	乐于学习新事物。
总盯着问题与不足。	更关注积极面与亮点。
不喜欢团队合作。	喜欢在团队中工作。
将成就归功于自己，强调个人贡献。	分享成果，重视他人的贡献。
几乎不信任任何人。	乐于信任他人。

你是否被匮乏心态困扰？

要想拥有双赢思维，首先要摆脱匮乏心态，不再把别人当作竞争对手。如果你有以下表现，很可能正陷于匮乏感状态中：

- 认为自己处于劣势，而且无力改变现状：“我总是吃亏，没办法啊！”
- 消极的想法和言语常挂在嘴边：“我没钱。”“我哪有同事聪明。”
- 嫉妒别人的优势和成功：“我们的团队负责人比我更受欢迎。”“父母偏爱我的妹妹。”
- 难以为他人的成功感到高兴：“我搞不懂为什么莉娜能升职，她的业绩不怎么样啊。”
- 不愿帮助他人：“我为什么要帮邻居？从来没人帮过我！”
- 能拿多少就拿多少：“其实我不需要，但还是拿了。谁知道以后还有没有机会。”

- 别人不同意你的观点时，感到受伤或被背叛："汉娜总是背着我搞小动作。"

为什么我们难以做到双赢？

双赢从来就不是轻易实现的，因为从小到大我们习惯了"非赢即输"。学校、运动场甚至家庭都是"赢输模式"的温床：只能有一个赢家。这种"胜者为王"的观念根深蒂固。竞争本身并不是坏事，它能激励我们全力以赴。试想，如果一场足球比赛没有计分，也不分胜负，球员和观众都不会有太大兴趣。但在许多情况下，这种"赢输模式"会导致低效、利己主义、嫉妒和对立。有些人将双赢思维视为软弱的表现。他们担心，如果不把自己的利益放在首位，就会被算计出局。但其实并不是这样。只要满足以下条件，双赢完全可以实现：

实现双赢的7个条件：

- 各方愿意寻找对彼此都有利的解决方案。
- 没有一方施加压力，没有等级和权力斗争，大家平等交流。
- 所有人都意识到，他人的利益与自己的利益同样重要。
- 把重点放在事情本身和寻找双赢解决方案上，避免受制于情绪。
- 各方都能清晰地表达自己的需求，同时也愿意站在对方的立场上考虑问题，换位思考。

- 沟通是坦诚且开放的，这样才能在轻松愉快的氛围中达成一致。
- 所有参与方都对结果负责，确保双赢方案得到应有的重视与真正落实。

双赢协议：让所有人都受益

如何做到双赢呢？最有效的方法就是达成双赢协议。这里分享一个我家里的例子：

让每个人都解放

女儿拿到驾照后，我们就汽车使用问题达成了一份双赢协议。协议内容包括：她需要遵守交通规则，负责清洁和保养车辆。我们还约定，女儿需要接送我和妻子去参加一些重要活动。此外，她还需要承担其他家务，做到不抱怨、不拖延、按时完成。我和妻子也从这份协议中获益良多。

对女儿而言，最大的收获就是她能自由使用这辆车。我们为她提供了所有必要的支持，比如支付车辆保险、保养和燃油费用。我们还约定，每周由她自行评估是否履行了协议。规则非常明确：只要她能够完成协议规定的任务，就可以继续使用汽车；否则，她将失去使用权。

这样的协议让全家人都受益匪浅。我们从一开始就明确了彼此的责任和期望，同时也清晰规定了违反协议的后果。因此，我们不需要时刻监督女儿，家庭氛围也更加轻松。这份家庭协议让我们每个人都得到了解放。

这就是双赢协议的运作方式

无论是在家庭、社区，还是在朋友圈或职场中，双赢协议都能奏效。关键在于如何达成这样的协议。想知道具体方法吗？你可以在习惯4的实践练习中亲自体验！

习惯 4

双赢思维　实践练习

你拥有富足的心态吗?

拥有富足心态的人不会嫉妒他人的成功。他们自信、了解自身价值，不会拿自己与别人比较。那么，你呢？你的内心丰盈富足吗？请勾选与你情况相符的选项：

❑ 是　　❑ 大多数时候是　　❑ 偶尔是　　❑ 几乎没有

你的答案如何？回答以下问题，找出答案背后的原因：

- 我在什么情况下能轻松保持富足心态？我能立刻想到哪些例子？

____

____

____

- 上一次我帮助别人获得成功是什么时候？当时的感受如何？

____

____

爱情、金钱、成功、关注或资源……，在哪些领域我会受到匮乏心态的影响？原因是什么？

匮乏 **原因**

匮乏 **原因**

匮乏 **原因**

匮乏 **原因**

匮乏 **原因**

富足心态源于深层的自我价值感与安全感。它是一种信念，相信我们生活在一个富足的世界里，资源充足，足以满足每个人的需求。

——史蒂芬·柯维

• 指南：如何培养富足的心态 •

以下几点建议能帮助你克服自我中心，培养富足心态：

- 留意自己是否陷于内心的匮乏感中：
  想一想，在这种情况下，富足的心态会带来哪些好处？如何能惠及自己和他人？
- 别拿自己和别人比较：
  专注于自己的优势、潜力与成长空间。
- 练习分享与给予：
  帮助有需要的人、向慈善机构捐款，或者通过日常的小举动带给他人温暖。
- 营造积极的环境：
  多与拥有富足心态的人交往，观察并学习他们的行为和思维方式。

- 主动提供帮助：

  我如何帮助他人？我还能多做些什么，超出他人对我的期待？

- 培养感恩之心：

  每晚入睡前，想想3件令你感恩的事。

- 使用积极的自我暗示：

  每天都要对自己说："我拥有无限可能！"或"资源充足，人人都能有收益！"

如何建立双赢关系？

想让自己和他人的相处及合作更轻松愉快吗？那就行动起来，打造双赢的关系吧！不论是在生活还是工作中，问问自己："我有哪些人际关系没能让双方都获益？"

如果这些关系变成双赢关系，会有哪些优势？请至少列出3项：

优势1：

优势2：

优势3：

确保每个人都赢

找出一段你想要达成共赢的人际关系。在下面的表格中填写你和对方各自希望从这段关系中收获什么。如果你不确定对方的期望是什么，那就直接去问问吧！

我的收获	对方的收获

为了实现双赢，我们可以具体做些什么？请写下你的想法：

____

____

自检清单：双赢关系

你准备好建立双赢关系了吗？以下清单可以帮助你确认。请勾选你已经做到的事情：

- ❑ 我拥有富足心态，我的人生格言是："大家都能得到自己想要的！"
- ❑ 在人际交往中我注重诚信，并努力实现"给予与回报"之间的平衡。
- ❑ 我坚信他人会尽力而为，并认为他们值得尊重和友善对待。
- ❑ 我关心他人的观点，并认真倾听、用心体会。
- ❑ 我努力理解他人的立场、行为和决定。
- ❑ 我敢于表达自己的观点，同时顾及他人的感受。
- ❑ 我关注积极面，但也会清晰地指出需要改进的地方。

从长远来看，我们要么一起赢，要么一起输。因此，双赢才是真正可行的选择。

——史蒂芬·柯维

达成双赢协议

这类协议在人际交往中应用相当广泛，无论是与家人、朋友，还是同事相处。双赢协议的核心在于，各方都承诺为共同利益而通力合作。

哪些关系能够从双赢协议中受益？思考一下，对方可以从中收获什么？当然，你也可以直接询问对方的需求。同时，写下你的期望，并拟定一份双赢协议草案，确保包含下一页提到的5个关键点。如果你对草案满意，展示给你的“协议伙伴”，然后共同完善细节，最终达成双赢协议。

双赢协议草案

____

和 ____________________

主题：__________________

•双赢协议的5个关键点•

1. 预期成果
双方的目标是什么？在原则上保持坚定，在细节上灵活变通。

2. 指导方针
需要严格遵守哪些规则和框架条件？

3. 可用资源
是否拥有实现目标的所有必要资源？如果遇到困难或需要帮助，该如何应对？

4. 任务考核
谁负责哪些任务？每项任务的截止时间是什么？谁来评估最终成果？

5. 奖惩机制
达成目标后是否有奖励？如果未履行协议，后果是什么？

习惯5

知彼解己

让你的沟通能力更进一步

大多数人在倾听时，并非真正想理解对方，而是为了表达自己。对他们而言，倾听只不过是为自己争取说话的机会。结果，我们始终无法真正明白他人心里的真实想法。

——史蒂芬·柯维

每个人都希望被理解

想象一下，你走进一家手机店，销售员立马迎上来说："我知道你需要什么！看看吧，这是最新款的智能手机。大家现在都在用，没有它简直没法活！"你回应："是啊，挺不错的，不过我真的不需要。"那人却坚定地摇头："怎么可能？你一定想要，这可是大家都想要的！"你强调："我真的不需要新手机。"销售员哈哈大笑："不可能！相信我，我比你更清楚你的需求。我用的也是这款手机，真的超棒！"你感到很烦躁，转身就走。当你走出店门时，销售员仍在你身后喊道："喂，我费尽心思为你着想，你怎么这么不识好歹！"

那么你以后还会去这家店吗？可能不会再去了。你不可能信任一个连你的需求都没搞清楚，就急着给你推销解决方案的人。但你是否意识到，我们在日常交流中也常犯同样的错误？在尚未弄清楚对方的问题之前，就急着提出解决方案。结果，那些出于好意的建议往往变得毫无意义。在与他人相处的过程中，我总结出最重要的一条经验：先理解对方，再寻求被理解。只有这样，我们才能实现有效沟通，并建立彼此间的信任。

习惯5：知彼解己

这一习惯建立在彼此信任的基础上，彻底颠覆了我们原有的沟通方式。大多数时候，我们总是急于表达自己的观点，甚至不停地给对方建议。但真正有效的沟通应该先倾听，认真去理解对方的想法和感受。当对方感受到被理解时，我们再清晰、诚恳地表达自己的观点。在这个过程中，要避免使用花言巧语、心理操控或话术技巧。只有这样，双方才能建立起基于理解的深度沟通。

你参加过“倾听力”的训练吗？

很多人会参加各种提升演讲技巧、说服力或应变能力的课程，但你有没有想过，倾听也是一种需要刻意训练的重要能力？你参加过专门的倾听训练吗？你是否真正学会了倾听他人，理解他们的想法和感受？无论是与伴侣、亲人、朋友沟通，还是与同事、上级互动，要想有效地协作和解决问题，首先要理解对方。然而，传统的沟通方式往往难以做到这一点，因为人们习惯先表达自己的观点，甚至想要在对话中占据上风或反驳对方。如果你无法以理解为目的去倾听，就会产生两个消极影响：

- 你永远无法了解对方内心的真实感受，也无法找到问题的根源。
- 对方也不会愿意倾听你，更不会和你共同探讨解决方案。

注意：

“首先去寻求了解对方，然后再争取让对方了解自己”并不是让你一味迎合对方的观点，而是学会站在对方的立场，去体会和理解他的想法和感受。

为什么没人真正倾听？

许多人认为自己是一个合格的倾听者，但实际上并非如此。很多时候，我们并没有认真听对方说话，要么琢磨着该如何表达自己的观点，要么只是站在自己的立场去解读对方的话。为什么会这样？或许我们太习惯把别人说的话套进自己的经验和认知中。你可能很熟悉下面这几种场景：

- “我特别懂你现在的感受，我以前也经历过！”
- “这我太清楚了，前不久我也遇到了类似的事。”
- “没什么大不了的，我当时是这样解决的……”

你会想：“主动回应和分享经验有什么不好？”但问题在于，我们往往采用以下4种方式去回应对方：

- 价值判断：评价对方的话，做出赞同或反对的判断。

- 追根究底：从自己的角度提出问题，可能让对方觉得像是在审问。
- 好为人师：以自身经验给出建议，试图帮助对方解决问题。
- 自以为是：从自己的动机出发，解释他人的行为。

那我们如何做到知彼解己？关键在于带着同理心倾听，也就是移情聆听。先放下个人观点和过往经验，这样我们才能从对方的角度看问题。不仅从理性层面理解对方，更在情感层面产生共鸣。下表展示了“以自我为中心的倾听”和“带着同理心倾听”的区别：

以自我为中心的倾听	带着同理心倾听
你希望别人先理解你。	你首先努力去理解对方。
核心：表达自己。	核心：理解对方。
从自己的视角出发。	站在对方的立场。
无法察觉对方言语中隐藏的情感、担忧和恐惧。	会敏锐地捕捉对方最在意的事。
未经对方许可就提出建议。	对方会主动向你倾诉并寻求你的帮助。

以下5种技巧可以帮助你进行移情聆听。不过，只有在你真诚地想要理解对方时，这些技巧才能发挥作用，否则很容易让人觉得你在“套路”他们。因此，请谨慎使用。最重要的是，只有将这5种技巧结合运用，才能发挥最佳效果。

“移情聆听”的5种技巧

1. 不只用耳朵听，还要用眼睛观察，用心感受。关注对方的肢体语言、语调以及用词。

2. 让对方尽情表达。如果你发现自己忍不住要插话，深呼吸，什么都别说，继续用心倾听。

3. 用自己的话复述对方想要表达的意思。

4. 不止复述对方的言语，也开始体会和复述对方的情绪和感受。

5. 提问。注意：仅提出有助于理解对方的问题，例如“我这样理解对吗？”或者“你是这个意思吗？”

如何让自己被理解并说服他人？

习惯5“知彼解己”分为两个阶段。首先你需要真正理解对方。在你做到这一点后，进入下一步——清晰、具体地表达你的观点。只有当对方感到自己被理解时，他才愿意敞开心扉，认真倾听你的想法。如果只去理解对方，忽视自己的需求和目标，就会陷入“你赢我输”的零和博弈，无法实现有效的自我领导。真正的自我领导在于既尊重和体谅他人，又能勇敢地表达并坚持自己的愿望与目标。然而，我们在表达观点时，往往过分执着于自身立场，忽略对方的想法和感受，导致沟通效果不佳。那么，如何改善这种情况呢？其实并不难。

在谈判、演讲、会议或日常交流中，先表明你理解对方的关切和顾虑，然后再分享自己的观点。这样，你的个人可信度和说服力会大大增加。

如何更好地获得对方的理解？我有一个好朋友的例子可以分享。

如何在需要资金时赢得支持

我的一位大学教授朋友曾向我倾诉：“史蒂芬，我的科研经费申请毫无进展，学院对我的研究项目并不重视。”

我对他说：“试试‘知彼解己’，做一场有说服力的资金申请演讲。别一上来就谈你的研究有多重要，先描述它能解决的实际问题，让评审委员会的教授们明白这个项目对他们的意义。讲得越清楚越好，最好比他们自己还能说到点子上。同时，让他们感受到你对项目的信心，不光是理性分析，还要打动人心。最后，再说明申请经费的重要性。”

这位教授采纳了我的建议，演讲一开始便说：“让我先说明，我非常理解你们的立场和顾虑，接下来，我会结合这些来展示我的提案。”

他的演讲让评审委员会成员感受到了理解与尊重。就在演讲过程中，委员会主席直接表示：“我们决定通过你的申请，你将获得这笔资金！”

那么，如何高效运用“知彼解己”来指导生活和工作？接下来，你会了解到许多实用技巧并开展练习。

习惯 5

知彼解己　实践练习

• 测试：你是一个合格的倾听者吗？ •

你是一个真正的倾听者，还是只是在自以为是呢？做个测试看看吧！从1到4分，你身边的人会给你的倾听能力打几分？

	低	——→		高
伴侣	1	2	3	4
子女	1	2	3	4
好朋友	1	2	3	4
同事	1	2	3	4
上司	1	2	3	4

测试结果如何？思考以下问题：我在哪些情况下最容易分心，无法专心听对方讲话？为什么会这样？

____

____

注意：倾听陷阱

我们特别容易掉入以下5个倾听陷阱。

1. 充耳不闻，心不在焉

对方说话时，你的思绪已经飘到九霄云外，甚至已经开始想自己的回答。

2. 装模作样，假装在听

表面装作很专注，点头、附和几句："是啊""原来是这样""嗯嗯""好厉害""真有意思"。

3. 选择性接收，只听想听的部分

只挑自己感兴趣的内容听，其他部分自动忽略。

4. 只关注字面意思

忽略对方的肢体语言、情绪以及隐藏在话语背后的真实想法。

5. 按照自己的角度在听

不管对方说什么，总能把话题转到自己身上。对方说："今天过得很糟。"你立即打断："我太懂你了！听我说，我这一天才叫糟糕！"

想一想，你是否经常陷入这些倾听陷阱？你可以做些什么避免再次踩坑？

向优秀的倾听者学习

回想一段让你感受到理解和尊重的愉快对话。问自己：当对方用心倾听时，我的感受如何？

我是否表达了自己的真实想法和感受？我是否愿意接纳对方传达的信息？

从这次对话中，我得到了哪些启发和收获？

不做鹦鹉，做一面镜子

移情聆听就像一面镜子。“镜子”不会随意评判他人，也不会急于给出建议，而是如实反映对方的想法和感受。你也可以像“镜子”一样，用自己的语言重述对方说了什么，感受如何。不过要注意，这不意味着机械地模仿对方，就像鹦鹉学舌那样。真正的镜像式倾听是让对方感受到你理解他。以下是鹦鹉式倾听和镜像式倾听的区别。

鹦鹉式倾听	镜像式倾听
简单地重复对方的话。	用自己的语言表达出对方的意思。
照搬对方的措辞和表达方式。	用自己的表达方式进行转述。
像机器人一样机械冷漠，不带感情。	用理智、真诚和情感全情投入。

真正的卓越在于，在表达自己的观点之前，先理解他人的立场。

——史蒂芬·柯维

有效的表达，帮助你更好地倾听和理解对方

如果你只是机械地重复对方的话，而不是真正用心去理解，对方很快就会察觉到。请记住，镜像式倾听的关键是用自己的语言转述对方的观点、想法和感受。以下是一些实用的表达方式：

- “如果我没理解错，你的感受是……”
- “在我看来，你的意思是……”
- “我注意到你似乎在……方面有情绪。”
- “你是不是觉得……”
- “所以你的意思是……”

开始你的倾听练习

你知道“知彼解己”的特别之处在哪里吗？那就是你可以立刻实践。选择一位与你关系亲近的人，和他/她一起开始倾听训练。留意当你认真倾听并尝试理解对方时，双方的沟通发生了哪些变化。思考以下问题：

我们的交流发生了什么变化吗？

我们的关系有什么变化吗？

向对方寻求反馈，问问他们有没有感觉到你们的对话和相处方式发生了变化。

小建议：重新开始也没关系

如果你在谈话中发现自己没有用心倾听，不妨暂停一下，坦诚地和对方说："抱歉，我刚刚意识到自己并没有真正理解你的意思，你可以再讲一遍吗？"

用心倾听

带着同理心倾听，不仅要用耳朵听，更要用眼睛去观察、用心感受。不仅要留意对方的言语，还要关注他们的肢体语言和情绪表达。问问自己：

下面这句话对我有什么启发？

> **我必须用心倾听，只有这样才能听到那些未曾说出口的话。**
>
> **——图利 · 马东塞拉（Thuli Madonsela），南非律师**

下次参与讨论时，观察对方的肢体语言和语气变化，留意对方未曾直接说出口的内容。记录你的发现，也记下你从这次交流和观察中学到了什么。

让对方更好地理解你

要实现高效沟通，理解他人和表达自己同样重要。问问自己：

在日常交流、工作汇报或项目演示中，如何在自我表达前让对方感受到“我理解你”？

我该怎么做，才能让别人更好地理解我？如何清晰地表达我的观点？

提升你的说服力！

你是否即将要发表一次演讲或进行一场棘手的对话？试着先练习一下，可以对着镜子演练，或者先讲给你的宠物听。录下你的表现，然后回放看看，找出表现出色的地方和需要改进的地方。你可以参考以下清单，让你的表达更具说服力。

自检清单：如何获得对方的理解

❑	明确目标：想清楚你这次谈话、讨论或演讲的目的是什么。
❑	引起兴趣：避免让你的对话伙伴和听众感到无聊。
❑	表达清晰：直截了当，把核心意思讲明白。
❑	删繁就简：去掉不必要的细节描述，不拖泥带水。
❑	提供证据：用数据、事实和实例来支持你的观点。
❑	关注情绪：引起对方的情感共鸣。
❑	运用视觉效果：选择合适的图片辅助表达。图片不在多，而在于精。
❑	调整说话方式：合理运用语调、语速、停顿和音量来增强说服力。
❑	注意肢体语言：保持眼神交流，用手势和表情强化你的表达。注意体态，避免随意或夸张的手势动作。

习惯6

统合综效

成为团队合作者

根据协同效应法则，总能找到一种解决方案，超越所有参与者此前想到的任何方案。

——史蒂芬·柯维

团结合作，远胜独自奋战

谢尔盖在斯坦福大学学习计算机科学已经两年了。有一天，他被安排去当导师，负责带领新生熟悉校园生活。这天早上，他要带一位名叫拉里的新生参观校园。“那天我们都很烦躁。”谢尔盖回忆说。无论谢尔盖讲什么，拉里总是犀利地评论，谢尔盖也针锋相对地回击：

“今天的天特别蓝。”

“那不是蓝色，只是一种光学现象，是太阳光在大气层中折射造成的。”

他们就这样一来一回地辩论着，却意外发现相处很愉快，两人还因此成了密友。两人都对计算机技术有着浓厚的兴趣，除此之外，几乎找不到其他共同点。谢尔盖是个社交达人，而拉里则内向腼腆，喜欢独处。后来，他们在拉里的博士研究中合作，一起探索如何改进互联网搜索技术。这次合作成就了一个庞大的商业传奇——谢尔盖和拉里正是谷歌的联合创始人！

试想一下，如果拉里和谢尔盖用同样的视角看世界，如果他们拥有相同的优点和缺点，这个故事会如何发展呢？如果他们是同一类型的人，能否取得同样的成就？很显然，他们需要彼此的优势互补，才能共同建立起世界上最顶尖的企业。单凭其中任何一人都无法实现这一切。这正是谷歌的故事，统合综效的典范。

习惯6：统合综效

简单来说，统合综效意味着1+1>2，或者可能达到10、100，甚至更多。它证明了整体远大于部分之和。这一习惯的核心原则是创造力，而精髓在于尊重差异。当不同能力、想法和视角相互碰撞并产生互补时，统合综效便随之而生。在团队精神的推动下，借助个体优势的协同配合，往往比单打独斗更高效，收获也更加丰厚。

统合综效无处不在

大自然中，许多植物和动物以共生的方式生活在一起，统合综效随处可见。或许你见过这样的画面：一只小鸟站在犀牛背上啄食。双方彼此互助，互利共生：小鸟获得食物，犀牛摆脱了烦人的寄生虫。

统合综效不是	统合综效是
抵触或勉强接受彼此的不同。	尊重差异，变差异为优势。
单打独斗，孤军奋战。	团队协作，携手共进。
相互竞争，互相拆台。	共同寻找最佳解决方案。
认为自己无所不知，永远正确。	接纳创新想法，倾听不同意见。
只关注自身需求和愿望。	理解他人需求并积极回应。
只追求自身利益最大化。	兼顾各方利益，实现共赢。
做出不情愿的妥协。	共同优化方案，避免无效妥协。

这正是统合综效的典型例子。那么，如何在日常生活中识别统合综效呢？

尊重并拥抱差异

统合综效的精髓在于拥抱差异。提到人与人之间的差异，我们通常会想到不同的出身、年龄或性别。然而，差异远不止如此，还涉及语言、成长经历、信仰、教育背景、经验甚至生活方式等各个方面。面对差异，我们可以选择抗拒、勉强接受或欣然接纳。高效能人士往往懂得尊重差异。他们明白，多样性是一种宝贵的资源。通过汲取他人的经验、观点和优势，我们能够实现更大的发展和进步。

1+1=10，甚至更多

统合综效不仅仅是妥协或简单的合作，而是一种创造性的团队合作。它强调团结协作，创造个人无法达成的成果。因此，在解决问题或化解冲突时，统合综效往往能带来意想不到的突破。

统合综效不是“走你的路”或“走我的路”，而是开辟一条全新的、更优的路径。这意味着共同创造出第三种解决方案，一个比任何人单独想到的都更出色、更高效的方案。

遗憾的是，我们通常只能看到两种选择：我的优势对抗你的优势，我的队伍对抗你的队伍，我的观点对抗你的观点。从小我们就习惯了这种非黑即白的思维方式：要么成功，要么失败；要么赢，要么输；要么出众，要么平庸。生活中也经常出现类似的“二选一”问题：你是支持还是反对某个政策？这件事是对还是错？

然而，生活从来不是“选A还是选B”这么简单。

总会有第三种更好的选择！

第三种选择：妥协之上的最优方案

许多人误以为“第三种选择”是妥协，其实它远远胜于妥协。妥协意味着各方都要做出让步，没有人能真正满意。而“第三种选择”则不同，它是一种全新且富有创造力的解决方案，往往超出所有参与者的预期，甚至带来突破性的结果。无论在工作还是生活中，你都可以找到“第三种选择”。下面这个真实案例来自我的一位朋友。

一个统合综效的周六

“周六该干什么？”我丈夫会说：“当然是陪家人一起，增进感情。”而我完全不这么认为：“周六不就是用来收拾家务、打理花园的吗？”

但我的丈夫和孩子完全不认同我，我们为此争论不断。每到周六，矛盾就爆发：他想让我们全家一起去公园郊游，我却只想在花园忙活。

一周又一周，你猜怎么着？最终的赢家总是我丈夫。直到一个周五的晚上，我们坐在电视前又谈起了周六的安排。他问："明天上午要不我们陪孩子们做点有趣的事？"

我说："家里和花园的事情一堆，这些事得先做完。"

他提议："那你能不能列个清单，把必须完成的事情写下来？"

我随手写了一份清单，还担心自己漏掉了什么。

他看了一眼，皱起眉头："这可不少啊，至少要花好几个小时。你觉得孩子们能一直坚持做下来吗？"

我也觉得不太现实："可能不行，那怎么办呢？"

他想了想说："趁着上午日头不太烈，我们带点水和零食，先去公园玩一圈。回来后再一起完成家务，你觉得怎么样？"

我点头答应："那就试试吧。"

周六一早，我们早早起床，准备好一切，带孩子们去公园玩。正好天气也不热，孩子们特别开心，我们和孩子们一起嬉戏。我和丈夫还抽空绕着公园走了一圈。等到太阳升高、天气变热，我们就打道回府了。在一个我们喜欢的休息区，我们停下来喝了点水、休息了一下，恢复了体力。回到家后，我拿出任务清单，和孩子们一起分配任务。大家很快投入劳动，几乎没有人抱怨。

现在，我们全家都对这样统合综效的周六安排感到非常满意。

这个例子说明，想要找到一个比现有选择更好的“第三种选择”，其实并不难。以下4个步骤可以帮你实现这个目标：

4步法：找到“第三种选择”

第1步 问一个简单的问题

询问对方：“你愿意和我一起寻找一个比我们目前想到的更优的解决方案吗？”这个问题会让对方放下戒备，因为你并没有要求对方放弃自己的观点，而是邀请他共同寻找新方案。首先从开放思维、探索各种可能性开始。

第2步 设定成功标准

一起讨论：“‘更好’到底意味着什么？”明确你们对“第三种选择”的期望，并列出一份成功标准清单。只有当方案满足这些条件时，双方才能真正满意。打破固有思维，拓宽视野，设定远超以往预期的成功标准。

第3步 尝试不同的想法

尝试符合成功标准的各种解决方案，释放你的创造力！不要急着去评价。只有当你们愿意以开放心态接纳各种可能性时，才能真正找到“第三种选择”。

第4步 感受氛围变化

如何确认找到了一个真正可行的方案？你会感受到氛围的改变——隔阂、失望和争执都消失了。大家成了真正的合作伙伴，共同收获一个双赢的成果。

要实现统合综效，需要内在的安全感、探索精神和创造力。准备好迎接这场冒险了吗？翻到下一页，开启你的实践训练吧！

习惯 6

统合综效　实践练习

借助他人之长

我们周围的人其实各有所长，但我们常常视而不见。无论是家人、朋友还是同事，他们都拥有独特的长处。现在，请在表格左侧列出几位与你关系亲近的人，并在右侧记录下他们的特别之处。然后思考，在面对哪些任务或挑战时，你可以借助他们的这些优势？将你的想法写在表格右侧栏中。

姓名	他们的个人优势及你能从中受益的方面
…………………… ……………………	……………………………………………… ………………………………………………
…………………… ……………………	……………………………………………… ………………………………………………
…………………… ……………………	……………………………………………… ………………………………………………
…………………… ……………………	……………………………………………… ………………………………………………

获取新视角

选择一个你感兴趣的话题，比如政治、家庭教育、4天工作制或者居家办公，然后按照以下步骤进行：

- 与3个人交谈，了解他们对这个话题的看法。
- 放下自己的成见，避免主观判断。
- 带着同理心倾听，努力去理解对方的真实想法。
- 记录至少3条从对话中获得的新见解。

1. ________________________________

2. ________________________________

3.

欣赏差异

你身边是不是也有那么几个人，跟你完全像是两个世界的生物？生活态度不一样，原则不同，职业差异大，家庭背景天差地别，就连笑点都不在一个频道上。那你有没有好奇过，他们到底哪里与众不同？他们身上有哪些优点值得你学习？不妨问问自己：我能从这些奇妙的差异中收获点什么呢？

差异与优点	我能学到什么
....	
....	
....	
....	

别急着妥协，寻找更优解

妥协再好也不过是权宜之计，远不如找到更好的解决方案——第三种选择。因此，不要轻易接受让你不情愿的妥协。静下心来，好好想想：

我通常在什么情况下妥协？妥协后我的感受如何？

想一个你生活中的具体例子，然后问问自己：与妥协相比，统合综效带来了哪些优势？

将你的思考记录在下面的表格里。

妥协的缺点	第三种选择的优势

• 测试：你能接受不同的观点吗？ •

很多人都觉得自己客观公正，乐于接受不同观点，认为问题出在别人身上。那你呢？做个小测试，看看你的真实表现。仔细阅读以下问题，并选择最符合你的答案。

描述符合我吗？	经常	偶尔	从不
我对他人的观点持开放态度，喜欢与他们讨论。	❑	❑	❑
即使观点不同，我也能尊重他人的意见。	❑	❑	❑
我会认真倾听，努力理解对方的观点、立场和想法。	❑	❑	❑
我尝试换位思考，从他人的角度看问题。	❑	❑	❑
讨论时，我关心的是问题本身，而不是为了争输赢。	❑	❑	❑
我鼓励他人积极参与讨论，畅所欲言，并营造一个自由、开放的讨论氛围。	❑	❑	❑
当意识到自己在某个问题上出错时，我愿意改变自己的看法。	❑	❑	❑
我愿意接触与我不同的人，并相信我们能够相互学习、共同进步。	❑	❑	❑

回顾你的测试答案，思考一下：在未来的交流中，如何才能更加客观和包容？将你的想法记录下来。

我的想法：

缺乏自信的人往往固守自己的观点。他们不明白，差异才是人际关系中最大的优势。单调一致反而会限制创造力，让生活乏味无趣。

——史蒂芬·柯维

探索“第三种选择”

你有没有遇到过这样的难题，能通过“第三种选择”获得更理想的结果？在这里写下你的初步解决方案。别只考虑自己的得失，想想这个方案能为对方带来哪些好处。

第三种选择：

我们双方都能获得：

____

____

我能收获到：

____

____

你能收获到：

____

____

有初步的想法了吗？那就行动吧！按照前面提到的“4步法”，进一步完善“第三种选择”。主动与对方沟通，直接问一句：

你愿意一起寻找一个
比我们目前想到的更
优的解决方案吗?

勇敢迈向“统合综效”，成就高效的自我领导！你会发现，这一切都值得，因为最终每个人都会从“统合综效”与“第三种选择”中获益。

习惯7

不断更新

留出时间，投资自我成长

我们这一生中，最重要、最有价值的投资是什么？答案是：投资我们自己！

——史蒂芬·柯维

自我提升

让我们通过一个算术题来认识“习惯7”：假设你要锯开树干。

使用钝锯锯断树干的时间：	30分钟
磨锯子所需时间：	5分钟
用锋利锯子锯断树干的时间：	10分钟
节省的时间：	**15分钟**

你成功节省了50%的时间，足足15分钟！锯木头不是你擅长的，没关系，这里还有一个算术题。

更高效、更轻松

你正在赶一个重要项目，时间紧迫，不敢有丝毫懈怠。时间一分一秒地流逝，你疲惫不堪，头昏脑涨，而项目进展依然缓慢。经过6小时30分钟的努力，你终于完成了任务。假设你花30分钟“磨磨锯子”，情况会如何呢？你会以全新的状态投入工作，效能大大提高，也许只需5小时就能完成任务。简而言之，磨刀不误砍柴工，磨好工具，事半功倍。

上面两个小故事告诉我们，花时间提升自己并不会浪费你的时间，反而能让你的工作更高效、生活更轻松。“不断更新”是你人生中最重要的任务之一，我们不能忽视对身体、头脑、情感和精神的自我投资。只有经常“磨磨锯子”，才能持续保持健康的身体、充沛的精力和高效的工作状态。

习惯7：不断更新

习惯7鼓励我们停下脚步，“磨磨锯子”，给自己留出时间进行自我调整和提升。这一过程基于“更新”的原则，核心是保护并优化你所拥有的最重要的资产——你自己。善待身体、锻炼心智、滋养内心、关注精神需求。只有这样，才能不断迈向高效、成功、健康与幸福的人生。

4个维度

习惯7的重点是定期进行自我更新和提升。这个过程必须包括身体、智力、情感和精神这4个核心维度。

身体		**身体维度** 坚持锻炼、健康饮食、确保高质量睡眠和适当的放松时间……
头脑	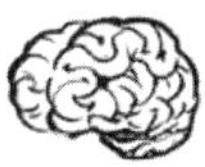	**智力维度** 持续学习、掌握新知识和技能、多读好书、发挥创造力……
内心		**情感维度** 关心身边的人、陪伴亲友、传递友善、开怀大笑、学会爱自己……
精神	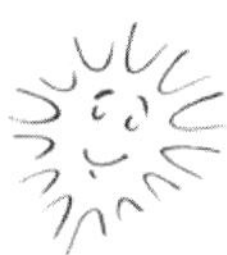	**精神维度** 亲近自然、提升专注力与觉察力、写日记、练习瑜伽与冥想、欣赏艺术与文化、感受文学与音乐、滋养心灵……

平衡才能产生整体最佳效果

身体、智力、情感、精神，每个维度的更新都同样重要。这4个维度息息相关，一旦忽视了其中一个，其他方面也会受到影响。就像汽车轮胎，如果一个轮胎失去平衡，其他轮胎也会磨损，车子也就无法正常行驶。同样，只有平衡好4个维度的更新节奏，才能实现和谐协调的人生状态。

要成为高效能人士，我们必须在4个维度定期“磨磨锯子”。

你该如何平衡这4个维度的更新呢？马上进入实践训练，找到答案吧！

习惯 7

不断更新　实践练习

给自己留点时间成长与充电

不知道你注意到没有？自我更新与提升属于第二象限的活动，也就是说，你需要主动为自我成长安排时间。问问自己：

生活中，紧急的事务是否经常占据我的时间，让我无暇关注自我成长？

❏ 很少　　❏ 偶尔　　❏ 经常

“自我更新”的重要性不言而喻，你必须每天抽出时间关爱自己。就从今天开始吧！想想看：哪些方法能帮助你缓解压力？把你的想法写在下面，或者参考下文给出的建议。

30分钟——专属你的休息时间！

以下建议可以帮助你在30分钟内快速“充电”，补充能量：

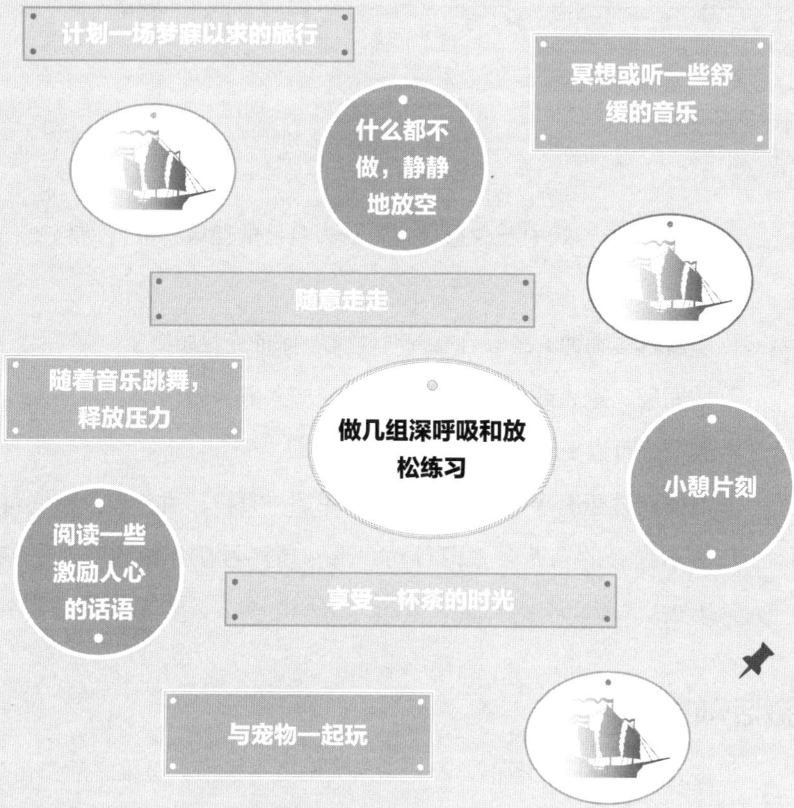

呵护健康，增强体能

要好好照顾自己的身体，做到均衡饮食、充足休息和规律运动。问问自己：

今天我的身体状态如何？睡足了吗？今天吃了水果和蔬菜吗？我有什么不健康的习惯，比如抽烟、吃太多甜食或缺乏锻炼？

1、2还是3?

请从以下3种方式中至少选择一个，为自己的健康积极行动起来：

1. **设置就寝闹钟：**提醒自己按时睡觉，保证充足睡眠。
2. **约朋友、家人或同事一起运动，或加入健身俱乐部：**和别人一起锻炼可以更轻松地战胜懒惰。
3. **戒掉对健康有害的坏习惯：**远离香烟、酒精、甜食和含糖饮料等不健康的东西。立即行动，挑一项坏习惯开始改变，坚持下去！

激活你的思维

很多人在毕业后就不再学习，结果大脑变得懒惰，思维逐渐僵化。然而，终身学习和技能进修不仅对职业发展至关重要，还能让大脑保持敏锐和活跃。因此，给你的头脑“充电”，激活你的思维吧！不断汲取知识，请永远不要停止学习！问问自己：

我还能做些什么来锻炼思维能力？

无论是计算机技能、项目管理还是领导力，哪些知识与能力能助我实现长期职业目标？

让大脑动起来，变得更聪明

从以下“思维激活计划”中至少选择一项，并勾选你在未来一天内确定会完成的任务。

- 做一道填字游戏或数独题。
- 背一段歌词或一首诗。
- 阅读一本好书。
- 和家人或朋友玩一次策略类游戏。
- 尝试一个新爱好。

说到爱好……以下这些爱好有助于提升你的思维能力。看看有没有你感兴趣的，挑一个你想尝试的吧！

演奏乐器 ⚓ 摄影 ⚓
园艺 ⚓ 缝纫或编织 ⚓
写短篇故事 ⚓ 陶艺 ⚓
绘画或素描 ⚓ 写诗 ⚓
烹饪和烘焙 ⚓ 作曲 ⚓
学外语 ⚓
拼图 ⚓ 翻新家具 ⚓ 冥想 ⚓
寻宝 ⚓ 模型制作 ⚓ 脑力训练 ⚓
下棋 ⚓

让内心充满活力

当谈到情感维度的自我更新时，最好的方式就是用心经营和维护你与他人的关系。问问自己，我该如何改善与身边重要的人之间的关系？将你的想法填入下表中：

与……的关系	如何改善我们的关系
……………………	
……………………	

为重要的人安排时间

这里有一些实用建议，帮助你更用心经营人际关系。选出适合自己的方式，并安排时间去实践吧！

❑	与伴侣共度一段不被打扰的二人时光。
❑	组织一次全家出游。
❑	和孩子们一起尝试一个新爱好。
❑	邀请朋友到家里小聚或到线上聊聊天。
❑	给许久未联系的朋友发一条问候信息。
❑	看望父母、祖父母或其他年长亲友，与他们聊聊人生经历和过往故事。
❑	和同事相约喝咖啡。
❑	原谅那些曾让你生气或伤害你的人。
❑	给曾经帮助过你的人发一条感谢信息。

让心灵焕发光彩

什么会触动你的心灵？是一首深情的歌，还是一篇优美的诗？正如内心的情感需要关爱和滋养，心灵和精神同样需要细心呵护。试着去发现，什么能让你的心灵焕然一新。

- 什么最能触动我的心？音乐、自然、冥想、瑜伽，还是一本好书？
- 什么对我的心灵有益？什么事会让我感到压抑和疲惫？

让心灵愉悦，我要坚持做的事	伤害我的心灵，我要放弃的事
……………………	
……………………	

每天花5分钟滋养精神

每天给自己至少5分钟，让精神放松下来。你可以选择以下方式：

- 调整我的个人使命宣言。
- 亲近自然。
- 帮助他人。
- 演奏乐器。

- 写日记。
- 清晨冥想。
- 写歌或写诗。

不断更新需要良好的规划和持续行动

无论是身体、智力、情感还是精神，都需要持续更新与成长。然而，这些至关重要的事，往往因不具有紧迫性而在繁忙的生活中被忽视。为此，你需要做好规划，让这些自我更新的活动成为你的习惯，并将它们固定在你的每周计划中。同时，每周进行一次总结，诚实地审视自己是否有真正腾出足够的时间来充实和提升自己！

尾声

探索人生新天地

旅程继续……

你已经读完这本书了，但你自主且充实的人生之旅刚刚开始。从现在起试着将7个习惯逐步融入到你的日常生活中。不过，别急着一次做完所有的事，先从对你当下影响最大的一个习惯开始。每周抽时间

我的自我领导力总结	
上周我专注于实践哪一个习惯？	
在过去的7天里，我采取了哪些行动来提升自我领导力？	
哪些事情我做得特别好？	
哪些方面我还需要改进？	
我有哪些事情没有坚持去做？	
我计划下周重点关注哪一个习惯？	
下周我必须达成哪些自我领导力目标？	
我打算在下周什么时候进行自我提升？	

做一次自我领导力总结，并将这件事固定在你的周计划中。你可以使用上页的自我评估表来帮助自己总结和规划。

把握人生的方向

自主而有意义的人生并非一帆风顺，也不会事事尽如计划。如果某天你发现自己偏离了方向，该怎么办？不要慌张，积极应对，尽快做出必要的修正，继续勇敢向前！追寻自我、实现人生价值的人生旅程，本就是一场充满挑战和惊喜的探索。请记住：

未来属于勇敢追梦并将梦想变为现实的人！

与高效能人士的七个习惯
一脉相承

职场与家庭的经典培训课程、培训教材

经营事业与家庭的必修课

实践指南

执行方案

如何循序渐进地深入运用七个习惯的第二个习惯“以终为始”

使命感，让你高效能地利用时间、精力和才能

如何识别人生陷阱

继《高效能人士的七个习惯》之后，柯维家族成员的又一重磅力作。

畅销书《信任的速度》作者史蒂芬·M. R. 柯维的倾力推荐！

ISBN：9787515356198

著者：（美）大卫·M. R. 柯维

斯蒂芬·M. 玛蒂克斯

出版时间：2020.1

定价：69.00

★ 如果你正面临生活或工作的困惑，本书将为你指明前行的方向。有时陷入困境不是因为不够努力，而是因为误入了陷阱。本书提供了反直觉的策略和非传统的智慧，将帮助你认清身处的陷阱并采取策略摆脱陷阱，改变自己的生活轨迹。

★ 如果你渴望成功与快乐，本书将为你提供“避坑指南”，通过顿悟式突破——行动步骤——反转陷阱，你将学会识别与避开生活与工作中的陷阱，收获真正的自由。

项目管理精华

给非职业项目经理人的项目管理书

ISBN：9787515341132
著　者：科丽·科歌昂
叙泽特·布莱克莫尔
詹姆士·伍德
出版社：中国青年出版社
定　价：33.00元

管理咨询机构富兰克林柯维公司经典培训产品

内容简介

没接受过项目管理培训？没关系！

在当今职场中，公司期望每名员工都能够扮演项目经理和协调者的角色，但事实上，你可能从没有接受过任何正式的项目管理培训——也就是说你是一名非职业项目经理。

本书提供了在真实职场中实用的项目管理技巧，总结了项目管理流程的核心，让每一位需要用到项目管理知识的人掌握项目管理的精髓。本书通过实用、直接的方法教会你如何打造团队共同的价值观、设计实际可靠的时间轴以及成功地完成交付物。

如果你正被项目管理的难题所困扰，那么本书就是你的答案；如果你正为如何管理团队发愁，本书也将为你一一解答。你可能并没有“项目经理”的头衔或者没有接受过正式的项目管理培训，但只要有了正确的策略，一切都将迎刃而解。